环保科普丛书

$PM_{2.5}$ 污染防治知识问答（续）

$PM_{2.5}$ WURAN FANGZHI ZHISHI WENDA (XU)

环境保护部科技标准司
中国环境科学学会 主编

中国环境出版社 · 北京

图书在版编目（CIP）数据

PM2.5污染防治知识问答：续 / 环境保护部科技标准司，中国环境科学学会主编 . -- 北京：中国环境出版社，2017.12
（环保科普丛书）
ISBN 978-7-5111-3416-5

Ⅰ . ① P… Ⅱ . ①环… ②中… Ⅲ . ①环境空气质量－空气污染－污染防治－问题解答 Ⅳ . ① X-651

中国版本图书馆 CIP 数据核字 (2017) 第 290361 号

出 版 人　王新程
责任编辑　沈　建　董蓓蓓　郑中海
责任校对　尹　芳
装帧设计　宋　瑞

出版发行　**中国环境出版社**
　　　　　（100062 北京市东城区广渠门内大街 16 号）
　　　　　网　　址：http://www.cesp.com.cn
　　　　　电子邮箱：bjgl@cesp.com.cn
　　　　　联系电话：010-67112765（编辑管理部）
　　　　　发行热线：010-67125803，010-67113405（传真）
印　　刷　北京中科印刷有限公司
经　　销　各地新华书店
版　　次　2017 年 12 月第 1 版
印　　次　2017 年 12 月第 1 次印刷
开　　本　880×1230　1/32
印　　张　4
字　　数　100 千字
定　　价　22.00 元

《环保科普丛书》编著委员会

顾　　问：黄润秋

主　　任：邹首民

副 主 任：王志华

科学顾问：郝吉明　曲久辉　任南琪

主　　编：易　斌　张远航

副 主 编：陈永梅

编　　委：（按姓氏拼音排序）

<table>
<tr><td>鲍晓峰</td><td>曹保榆</td><td>柴发合</td><td>陈　胜</td><td>陈永梅</td></tr>
<tr><td>崔书红</td><td>高吉喜</td><td>顾行发</td><td>郭新彪</td><td>郝吉明</td></tr>
<tr><td>胡华龙</td><td>江桂斌</td><td>李广贺</td><td>李国刚</td><td>刘海波</td></tr>
<tr><td>刘志全</td><td>陆新元</td><td>潘自强</td><td>任官平</td><td>邵　敏</td></tr>
<tr><td>舒俭民</td><td>王灿发</td><td>王慧敏</td><td>王金南</td><td>王文兴</td></tr>
<tr><td>吴舜泽</td><td>吴振斌</td><td>夏　光</td><td>许振成</td><td>杨　军</td></tr>
<tr><td>杨　旭</td><td>杨朝飞</td><td>杨志峰</td><td>易　斌</td><td>于志刚</td></tr>
<tr><td>余　刚</td><td>禹　军</td><td>岳清瑞</td><td>曾庆轩</td><td>张远航</td></tr>
<tr><td>庄娱乐</td><td></td><td></td><td></td><td></td></tr>
</table>

《PM$_{2.5}$污染防治知识问答（续）》编委会

《环保科普丛书》

　　我国正处于工业化中后期和城镇化加速发展的阶段，结构型、复合型、压缩型污染逐渐显现，发展中不平衡、不协调、不可持续的问题依然突出，环境保护面临诸多严峻挑战。环保是发展问题，也是重大的民生问题。喝上干净的水，呼吸上新鲜的空气，吃上放心的食品，在优美宜居的环境中生产生活，已成为人民群众享受社会发展和环境民生的基本要求。由于公众获取环保知识的渠道相对匮乏，加之片面性知识和观点的传播，导致了一些重大环境问题出现时，往往伴随着公众对事实真相的疑惑甚至误解，引起了不必要的社会矛盾。这既反映出公众环保意识的提高，同时也对我国环保科普工作提出了更高要求。

　　当前，是我国深入贯彻落实科学发展观、全面建成小康社会、加快经济发展方式转变、解决突出资源环境问题的重要战略机遇期。大力加强环保科普工作，提升公众科学素质，营造有利于环境保护的人文环境，增强公众获取和运用环境科技知识的能力，把保护环境的意

I

识转化为自觉行动，是环境保护优化经济发展的必然要求，对于推进生态文明建设，积极探索环保新道路，实现环境保护目标具有重要意义。

国务院《全民科学素质行动计划纲要》明确提出要大力提升公众的科学素质，为保障和改善民生、促进经济长期平稳快速发展和社会和谐提供重要基础支撑，其中在实施科普资源开发与共享工程方面，要求我们要繁荣科普创作，推出更多思想性、群众性、艺术性、观赏性相统一，人民群众喜闻乐见的优秀科普作品。

环境保护部科技标准司组织编撰的《环保科普丛书》正是基于这样的时机和需求推出的。丛书覆盖了同人民群众生活与健康息息相关的水、气、声、固体废物、辐射等环境保护重点领域，以通俗易懂的语言，配以大量故事化、生活化的插图，使整套丛书集科学性、通俗性、趣味性、艺术性于一体，准确生动、深入浅出地向公众传播环保科普知识，可提高公众的环保意识和科学素质水平，激发公众参与环境保护的热情。

我们一直强调科技工作包括创新科学技术和普及科学技术这两个相辅相成的重要方面，科技成果只有为全社会所掌握、所应用，才能发挥出推动社会发展进步的最大力量和最大效用。我们一直呼吁广大科技工作者大力普及科学技术知识，积极为提高全民科学素质做出贡献。现在，我们欣喜地看到，广大科技工作者正积极投身到环保科普创作工作中来，以严谨的精神和积极的态度开展科普创作，打造精品环保科普系列图书。衷心希望我国的环保科普创作不断取得更大成绩。

丛书编委会

二〇一二年七月

前言

"十二五"以来，随着《大气污染防治行动计划》的实施，我国大气污染防治工作取得了积极进展，逐渐实现了"以污染控制为目标导向"向"以改善环境质量为目标导向"的历史性转变。

然而，我国大气环境污染防治形势依然严峻。经济发展模式粗放、能源消费居高不下、城市化进程持续推进，传统煤烟型污染尚未得到根本解决，以细颗粒物（$PM_{2.5}$）和臭氧（O_3）为主要污染物的雾霾和光化学烟雾等复合型污染又接踵而至。$PM_{2.5}$ 来源复杂，既有燃煤、机动车、工业生产、扬尘等直接排放的细颗粒物，也有空气中二氧化硫、氮氧化物、氨和挥发性有机物经过复杂的化学反应转化生成的二次污染物。可以说，$PM_{2.5}$ 污染是我国当前环境形势呈结构型、复合型、压缩型特征的最具代表性的问题之一。

我国目前正处于全面建成小康社会的关键时期，党的十九大胜利召开，我们应切实贯彻落实、加强生态文明建设，以环境保护优化社会经济发展；要正确认识当前大气污染防治形势，充分理解改善大气环境质量的艰巨性、复杂性与长期性，做好打持久战的思想准备；要改变发展方式，加快产业和能源结构调整，实施多污染物协同控制，强化多污染源综合管理，开展大气污染区域联防联控。

针对大气环境质量改善、$PM_{2.5}$ 防控等方面的技术

V

方法、措施和手段等已经开展了大量的研究，并产生了一批重要成果。环境保护部科技标准司、中国环境科学学会于 2013 年编写的《PM$_{2.5}$污染防治知识问答》一书图文并茂地向公众客观、科学地介绍了 PM$_{2.5}$污染防治的相关科学知识，为公众了解、学习和主动参与 PM$_{2.5}$防治提供了一个有效途径。但近年来关于 PM$_{2.5}$的研究又取得了新的进展，为及时向公众普及相关知识，中国环境科学学会组织有关专家编写了《PM$_{2.5}$污染防治知识问答（续）》。本书主要增加了针对 PM$_{2.5}$的谣言解读，更新了雾霾有关概念和预报预警级别等，以期将最新的科研成果和污染防治进展向公众做出解读和展示。其中，"总体概况"主要由北京大学吴志军撰写；"监测与预报"主要由中国环境监测总站王威和北京市环境保护监测中心王占山撰写；"来源与成因"主要由中科院大气物理研究所吉东升和南开大学金陶胜撰写；"健康影响"和"控制对策"主要由中国环境科学研究院段菁春撰写；"国际治理大气污染的经验借鉴"主要由段菁春、吉东升和王占山撰写。"公众防护"主要由中国环境科学学会撰写；向以上专家的辛苦付出表示感谢！此外，对在书稿审核和修改中付出辛勤劳动的其他老师一并表示感谢！

因时间仓促和水平有限，书中难免有不足之处，敬请读者指正。

编　者

二〇一七年十月

目录

第三部分　来源与成因　29

第四部分　健康影响　　49

第五部分　控制对策　　59

第六部分　国际治理大气污染的经验借鉴　77

第七部分　公众防护　85

PM₂.₅污染防治知识问答（续）

PM₂.₅ WURAN FANGZHI ZHISHI WENDA (XU)

第一部分
总体概况

1. 什么是 PM₂.₅？

PM₂.₅，称为细颗粒物，是指环境空气中空气动力学直径小于等于 2.5 μm 的颗粒物，是可入肺颗粒物。PM₂.₅ 化学成分复杂、在大气中的停留时间长、输送距离远，可以进入人体肺泡，对大气环境质量和人体健康造成严重影响。

2. PM₂.₅ 的组分有哪些？

PM₂.₅ 主要由水溶性离子组分、含碳组分以及其他无机化合物三大类化学物质组成。水溶性离子组分主要包括硫酸盐、硝酸盐、铵盐等，一般是二次组分，可溶于水。含碳组分主要包括有机碳、元素碳和无机碳。有机碳含有数千种有机化合物，既有一次源直接排放的一次细颗粒物，又有经挥发性有机物转化形成的二次细颗粒物。按分子结构可分为多环芳烃类、正构烷烃类、有机酸及其盐类、醛类、酮类、杂环化合物。元素碳通常被称为黑碳，也是复杂的混合物，主要来自燃烧源的直接排放。它既含有纯碳、石墨碳，也含有高分子量的有机物质，如焦油、焦炭等。无机碳主要指碳酸盐，其在 $PM_{2.5}$ 中的含量通常很低。无机元素及其化合物主要包括地壳元素和微量元素，现已发现大气颗粒物中的元素多达 70 余种，这些元素均为一次颗粒物组分。地壳元素如硅、钛、铁、钙、镁等及其化合物，主要来自土壤扬尘、建筑扬尘、道路扬尘等；微量元素如铬、铜、镍、铅、锌、锰、砷、汞等，主要来自化石燃料的燃烧及工业过程。$PM_{2.5}$ 中含有相当多的有毒有害化学成分，如含碳组分中的多环芳烃，微量元素中的铬、铅、砷、汞等。

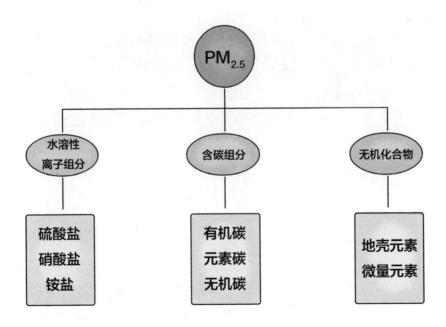

3. 颗粒物的酸碱度能测定吗？

酸碱度是指溶液的酸碱性强弱程度，一般用 pH 来表示。pH < 7 为酸性，pH = 7 为中性，pH > 7 为碱性。霾的酸碱度可以从大气颗粒物酸碱度角度来理解。相关文献指出，即使美国大气中二氧化硫浓度下降非常显著，但美国东南部的颗粒物仍呈酸性，pH = 0 ~ 2；有研究指出，伦敦"夺命"大气烟雾事件中，由于 SO_2 的大量排放，空气中存在大量酸性液滴，而我国大气颗粒物中矿物成分含量较高，大气中氨含量较高，导致大气颗粒物酸碱度接近中性。目前，没有直接测定颗粒物 pH 的手段，只能用化学组分离子平衡及热动力学模型模拟计算，所以仍然无法精确量化大气颗粒物的酸碱度。

目前，没有直接测定颗粒物pH的手段，仍然无法精确量化大气颗粒物的酸碱度。

4. 怎样区分雾和霾造成的天气状况?

雾(Fog)和霾(Haze)是两种低能见度天气现象。但由于雾和霾通常都发生在静稳的天气,都能造成能见度很低,人们容易混淆。

雾主要是由悬浮在贴近地面大气中的大量微小水滴(或冰晶)组成,多为乳白色。雾和云类似,主要是空气中水汽达到(或接近)饱和凝结而成。雾和云的区别仅仅在于是否接触地面,实际上,雾可看作是"接地"的云。气象上把能见度降低到 1 km 以下,空气中水汽接近饱和或过饱和的情况称为雾。

霾是由悬浮在大气中的大量微小尘粒、烟粒或盐粒(包括硫酸盐、硝酸盐、氨盐等）等细颗粒物组成，这些粒子尺度通常小于 1 μm，不能用肉眼分辨，但对可见光有极强的消光作用，导致空气混浊，使水平能见度降到 10 km 以下。霾一般呈灰色或暗灰色，有时略成棕色或蓝色。霾有"干霾"和"湿霾"之分，霾粒子能够吸湿长大，在较高湿度下能显著降低能见度。

世界气象组织把因大气颗粒物增多造成的能见度低于 10 km 的天气现象称为霾，把因雾滴作用使能见度低到 1 km 以下的天气现象称为雾。雾和霾的区别在于，雾时相对湿度高，若走在雾中，身上会有湿漉漉的感觉，甚至毛发上会出现小水滴或小冰粒。从发生时间上看，陆地上雾通常发生在午夜至清晨，一般随太阳升高，雾会很快消散；从高度上看，雾顶有较明显的"分界"，厚度一般在几十米到 100 m 或 200 m，常能看到不均匀的"团状"现象。

而霾的相对湿度较低，不包含由水汽凝结形成的小水滴颗粒（雾滴），但霾粒子可以作为凝结核，在高湿度（水汽近饱和或过饱和）条件下自发长大形成雾滴。从发生时间上看，霾的日变化特征不明显，往往持续时间较长；从高度上看，相对雾而言，霾层顶的"分界面"不明显，有时厚度可达 2 ～ 3 km，且相对较为均匀。

霾与大气颗粒物污染紧密联系很好理解，而雾的形成也离不开颗粒物。在实际大气中，没有大气颗粒物作为凝结核或冰核也形成不了雾。

雾和霾在大气中的变化过程并不总是存在一个截然分明的界限。在大气污染高发地区，雾和霾往往是"你中有我，我中有你"。用简单的相对湿度和能见度这两个气象观测指标，可以大致区分出雾和霾。气象上，将相对湿度达到或高于 95%，能见度小于 1 km 记为雾，能见度在 1 ～ 10 km 记为轻雾；当相对湿度低于 80%，能见度低于

10 km 时记为霾；而当相对湿度为 80% ～ 95%，低能见度时可能是雾滴和霾粒子共同作用的结果。

值得关注的是，由于雾滴主要组分通常是水，雾只是造成能见度的降低，对人体健康的危害很小；但在大气重污染时，雾也含有不同程度的污染成分，对健康有较大影响。

5.什么是大气边界层?

大气边界层为大气层中最接近地球表面的空气，其空气的流动受到地表的摩擦阻力、温度差异和地球自转的影响，水平向流速的垂向剖面呈不均匀分布，流场较为复杂。大气边界层的厚度为几百米到

1000 m，但因为大部分的人类居住、活动于大气边界层之中，故大气边界层对人类而言，十分重要。大气边界层之上的对流层，受地表影响较小，受地球自转的影响较大，水平流速成均匀分布。

6. 如何从城市、区域角度看待我国与全球空气污染水平差异？

从全球尺度看，我国 $PM_{2.5}$ 质量浓度居于高位，而其他发达国家或区域如美国、欧洲等大气中 $PM_{2.5}$ 质量浓度较低。北非、印度等地区大气颗粒物质量浓度很高，空气质量差，污染水平高。

7. 近年来，我国环境空气质量的总体趋势如何？

全国城市细颗粒物（PM₂.₅）、可吸入颗粒物（PM₁₀）浓度呈下降趋势，多数省份PM₂.₅或PM₁₀年均质量浓度下降幅度达到或超过《大气十条》规定的中期目标要求。

加大秋、冬季节污染防治工作力度

从《大气十条》落实情况的中期评估结果可以看出我国环境空气质量变化的总体趋势。2013 年，国务院印发了《大气十条》。根据相关要求，中国工程院组织 50 余位相关领域院士和专家，对《大气十条》落实情况进行中期评估。该评估认为，全国城市细颗粒物（PM$_{2.5}$）、可吸入颗粒物（PM$_{10}$）质量浓度呈下降趋势，多数省份PM$_{2.5}$ 或 PM$_{10}$ 年均质量浓度下降幅度达到或超过《大气十条》规定的中期目标要求。但环境空气质量面临的形势依然严峻，冬季重污染问题突出，个别省份的 PM₁₀ 年均质量浓度有所上升。

评估显示，重点行业提标改造、产业结构调整、燃煤锅炉整治和扬尘综合整治 4 类措施是对 PM₂.₅ 质量浓度下降贡献最为显著的措施。北京市及周边省份的重污染应急措施能够有效降低 PM₂.₅ 质量浓度，两次启动红色预警使得重污染期间北京市 PM₂.₅ 日均质量浓度下降 17%～25%。同时，气象条件近两年没有对空气质量的改善起到"助推"作用。

评估报告建议，加大秋、冬季节污染防治工作力度，加大力度释放能源结构调整的污染削减潜力，并构建精准化治霾体系，提升重污染天气应对能力，保障空气质量长效改善。

8. 我国 AQI 和美国大使馆 AQI 有什么区别？

环境监测部门每天发布的空气质量报告包含各种污染物的浓度值。但是，人们很难从这么多个抽象的浓度数据中判断出到底当前的空气质量处在什么水平。因此，将各种不同污染物含量折算成一个统一的指数，这就是空气质量指数。空气质量指数的值在不同的区间，就代表了不同的空气质量水平。比如，0～50，代表"优"；51～100，代表"良"；101～150，代表"对敏感人群不健康"，等等。

配合《环境空气质量标准》（GB 3095—2012）的推出，环境保护部制定了《环境空气质量指数（AQI）技术规定（试行）》（HJ 633—2012），这两个标准都于 2016 年 1 月 1 日起实施。在该技术规定中，AQI 的级别和美国标准（美国大使馆采用的是美国标准）一样分为 6 个等级，采用相同的颜色标识。各级别对应的 AQI 值也完全一致。

只是每个级别的描述有所不同，从好到差依次称为优、良、轻度污染、中度污染、重度污染和严重污染。但各级别对应的健康影响和建议措施，又基本等同。此外，计算 AQI 使用的公式也和美国标准一样，但是每个级别对应的污染物质量浓度限值是不同的。同样以 $PM_{2.5}$ 的限值为例，中美两国标准中规定的质量浓度限值对比如下。

结合 AQI 的计算公式可以看出，在 $PM_{2.5}$ 质量浓度高于 150 µg/m³ 时，两国标准计算出来的 AQI 基本等同；而在 $PM_{2.5}$ 质量浓度低于 150 µg/m³ 时，两国标准计算出来的 AQI 有明显差异。例如，当 $PM_{2.5}$ 质量浓度等于 32.5 µg/m³ 时，我国标准计算出的 AQI 值为 47，属于"优"的级别；而按照美国标准计算出来的 AQI 为 93，属于"中等"的级别。又如，当 $PM_{2.5}$ 质量浓度等于 68.5 µg/m³ 时，我国标准计算出的 AQI 值为 92，属于"良"的级别；而按照美国标准计算出来的 AQI 为 153，属于"不健康"的级别。

由于在我国这份试行的技术标准中，在质量浓度限值的设置上与美国标准存在差异，使同样的污染质量物浓度换算出来的 AQI 值偏低。另外，它规定的 AQI 级别、表示颜色、针对各 AQI 级别给出的健康影响及建议措施又基本上等同于美国标准，这就难免会给人们造成困扰了。另一个存在问题是，根据中美两国的 AQI 计算标准，当污染物质量浓度超出最高上限时，AQI 的值最高也只能是 500，因为在这之上的指数是不存在的。这种情况下，称为"爆表"，也就是说用空气质量指数已经无法描述这糟糕的空气质量了。

我国环保部门将这份技术标准作为试行标准，而不是正式标准，显然也是考虑了今后进一步改进的问题。希望在正式标准出台之前，能进一步修改完善，消除可能造成人们困扰的因素。也希望越来越多的人能够了解到空气质量指数真正的含义，推动空气质量指数技术标准的完善，使其更有利于空气质量的改善和人们的身体健康。

环境空气质量指数（AQI）

空气质量指数	质量水平	代表颜色
0~50	良好	绿色
51~100	中等	黄色
101~150	对敏感人群不健康	橙色
151~200	不健康	红色
201~300	非常不健康	紫色
301~500	有毒害	褐红色

我国AQI和美国大使馆AQI有什么区别？

污染物质量浓度限值（中美对比）

空气质量指数	美国质量浓度限值/(μg/m³)	中国质量浓度限值/(μg/m³)
0	0	0
50	15.4	35
100	40.4	70
150	65.4	115
200	150.4	150
300	250.4	250
400	350.4	350
500	500.4	500

PM$_{2.5}$污染防治知识问答（续）

PM$_{2.5}$ WURAN FANGZHI

ZHISHI WENDA (XU)

第二部分
监测与预报

9. 有哪些措施可以保障空气质量监测数据的准确性？

目前我国各级环境监测部门，主要从点位、站房建设、设备要求、数据采集传输、运行维护要求、质量检查、监督管理等几个方面采取措施，保障空气质量监测数据的准确性。在这些方面，国家均有明确清晰的技术规范和管理办法，具体包括《环境空气气态污染物（SO_2、NO_2、O_3、CO）连续自动监测系统安装验收技术规范》（HJ 193）、《环境空气颗粒物（PM_{10} 和 $PM_{2.5}$）连续自动监测系统安装和验收技术规范》（HJ 655）、《环境监测信息传输技术规定》（HJ 660）、《环境空气质量监测点位布设技术规范（试行）》（HJ 664）等，任何人不得轻易对站点点位、周边环境及设备参数进行修改。

依据规定，监测点位有仪器运行维护人员按规定进行定期维护，并由管理部门实施国家空气监测网质量控制和质量检查工作，对不同类型的仪器设备进行多种方法比对测试，以确保监测结果的准确性和可比性。

此外，中国环境监测总站还会对已经生成的数据结果进行系统性的审核和检查，如发现数据异常和奇异变化的结果，将依据相关规定，对该时段数据进行删除或替代，最终保证监测结果可以真实反映大气污染的实际情况。

10. 如何防止环境监测数据造假？

在法规层面，最高人民法院、最高人民检察院专门出台了针对修改参数或监测数据、干扰采样等行为的司法解释，环境保护部出台了《环境监测数据弄虚作假行为判定及处理办法》等管理规定，严厉打击数据造假；在机制层面，国家将空气自动监测事权上收，由地方运行维护或地方委托运行维护改为国家统一委托第三方公司运行维护；在技术层面，实现了环境空气自动监测数据直传总站、实时发布；为站房配备室内外摄像头，监督站房采样头周边及站房内人员行为；在自动监测数据审核层面，目前采取运行维护公司初审、总站对初审数据再次复核的方式，严把数据质量关。其措施和规定主要有以下几个方面：

（1）通用措施

严禁非运行维护人员进入空气自动站站房、采样头及相关区域（站房顶、站点栅栏内），因工作需要进入上述区域的，应提前向中国环境监测总站提出书面申请，经批准后方可在运行维护人员陪同下进入。

中国环境监测总站提供监测数据采集软件，运行维护机构只能使用该软件采集和传输数据，实时向中国环境监测总站、省级站、地级及以上城市站同时传输。

（2）地方相关部门

当地政府、有关部门或人员有擅自破坏点位周围环境、干扰监测结果等众多情形之一的，视为弄虚作假行为，依据《环境监测数据弄虚作假行为判定及处理办法》第十四条、第十五条和第十六条规定进行处罚。

当地政府、有关部门和个人有任何擅自进入采样区域、监测点位站房或干扰运行维护人员等情形的，由环境保护部进行通报批评，并记入环境信用记录，向社会公布。

（3）运行维护机构

在日常运行维护的工作中，具有相关资质的运行维护机构有任何非自然情况造成监测数据传输延迟、中断、阻碍质量检查或未按要求开展运行维护工作的，由中国环境监测总站按照运行维护合同规定，扣除当月绩效考核成绩和运行经费，并给予警告。对警告三次仍不改正的运行维护机构，中国环境监测总站有权终止运行维护合同。

运行维护机构有任何数据造假及人为蓄意干扰监测结果的，依照《环境监测数据弄虚作假行为判定及处理办法》进行处罚，禁止参与国家环境空气监测网城市环境空气自动监测站运行维护项目招投标活动；涉嫌犯罪的，移送司法机关依法处理。

（4）设备生产及销售单位

日常业务中所使用的空气质量监测设备，必须满足相应的技术规范和质量控制指标。在此基础上，如发现空气自动监测仪器设备生产及销售单位配合当地政府、环境保护部门或运行维护机构进行环境监测数据造假的，经核实后，由环境保护部予以通报，并将相关生产或销售单位失信记录记入环境信用记录中，禁止其参与国家环境空气监测网仪器设备招投标活动，对已安装的设备予以退回处理。

11. 第三方运行维护会不会影响监测质量？

环境监测服务社会化是环保体制机制改革创新的重要内容。在环境保护领域日益扩大、环境监测任务快速增加和环境管理要求不断提高的情况下，推进环境监测服务社会化已迫在眉睫。2015年2月，环境保护部印发了《关于推进环境监测服务社会化的指导意见》，以期引导社会力量广泛参与环境监测，规范社会环境监测机构行为，促进环境监测服务社会化良性发展。

在国家空气检测网空气自动监测方面，由中国环境监测总站委托第三方运行维护公司对国家网空气自动监测子站进行运行维护。在避免地方行政干预的同时，通过运行管理项目委托合同、运行维护工作规范与考核办法及相关技术规范等文件对第三方运行维护公司行为进行约束，同时，不定期开展针对运行维护公司运行维护情况的监督核查，以确保第三方运行维护结果真实有效。

主要包括以下措施：

（1）通用要求

在满足空气自动站运行维护需求的前提下，国家空气监测网城市环境空气自动监测站运行维护项目在招投标中，应优先选择质量检查和年度绩效核查优秀的运行维护机构。

（2）运行维护要求

运行维护单位建立运行管理规章制度，制定运行维护方案及空气自动站运行和安全保障应急预案。定期进行仪器设备维护保养，建立故障报修制度，设立备品备件库及备机库。按国家技术规范要求和仪器说明书要求定期更换备品备件，并定期检查空气自动站消防、防雷、供电、视频监控等设施。

在此基础上，建立空气自动站维护档案，将空气自动站的运行过程和运行事件进行详细记录，并归档管理。

（3）绩效考核要求

依据运行维护机构绩效考核办法，每月组织对运行维护机构有关管理规定的执行情况、自动监测系统的运行情况、运行维护工作完成情况、质量管理实施情况、数据获取率与质控合格率、运行维护记录填报情况进行绩效考核。

自相关规定颁布以来，通过上述具体措施和要求的落实，监测数据的质量得到了有效保障，有力地支持了大气污染防治工作。

12. 每天的空气质量预报是怎么做的？

中国环境监测总站环境质量预测预报中心目前采用数值预报结合客观订正的方法，主要是由基于对污染源变化、污染物扩散传输沉降变化、实时空气质量，以及对大气化学机理规律尤其是重污染过程影响的认识等主要影响因素的综合分析所综合构成的；在预报作业时，预报员首先要了解多模式数值预报计算的空气质量变化模拟趋势，对目标范围潜在污染过程相关的系列特征和指标进行预判，包括污染开始、演变和消除的关键过程，影响范围、严重程度、持续时间，可能影响的城市，城市 PM_{2.5} 小时质量浓度最高值及最高值出现的时间，相关的污染来源追因、局地变化、区域传输模拟等关键预报内容。此外，还需对污染源的变化情况（如沙尘、秸秆焚烧或烟花爆竹等）、气象过程以及大气扩散条件等内容进行综合分析和判断。此外，区域预报尤其是重污染过程预报需要会同目标区域各省级环保预报部门开展联合区域会商，利用各方优势预报资源，共同对重污染过程进行分析判断，以尽可能避免预报影响范围遗漏，并在现有条件下最大限度地保障区域重污染过程预报的可靠性，及时对污染期间可能出现的新问题和新趋势进行预判。最后向社会公众发布最终结果，并同时服务于环境管理部门。

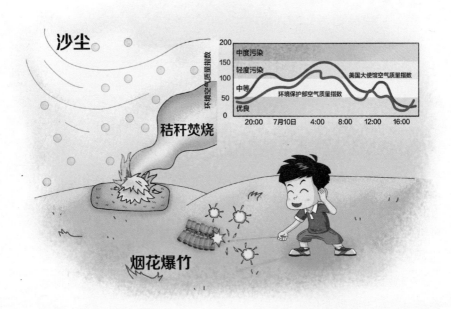

13. 如何正确看待"空气质量重污染预报偏差"？

　　预报，从本质上讲，是人类根据所掌握的自然规律，运用数学化的手段，根据事物的现状对其未来发展的一种预测。因此，预报必然有一定的误差存在。具体在空气质量预报上，误差主要来源于影响空气质量数值预报产品的四个主要因素，包括污染源清单的完整性和准确性、气象预报场的完整性和准确性、大气污染物监测初始场的完整性和准确性、大气化学反应机理的完整性和准确性。

　　污染源清单的偏差，主要来源于对人为污染源、自然源了解程度不足及其本身的变化。

环境空气质量监测的偏差，主要来源于监测网络覆盖的密度和立体监测的缺乏。

大气化学反应机理的偏差，主要来源于对我国大气污染物生成和演化机理有的尚未了解或了解的不够。

在现有污染源清单、空气质量监测和大气化学机理的基础上，影响日常空气质量预报最常见的是气象预报的不确定性。目前，国际主流高水平气象机构气象数值预报最好的大尺度环流形势预报产品，可供参考的有效时间长度，冷半年通常在 5～7 d，暖半年通常在 3～4 d，但是即使是这种预报产品，经常也会出现比实况相差几个小时或十几个小时，在空间上可能比实况相差几十千米到几百千米。这种大尺度预报偏差对区域污染的"过程预报"可能影响不大，但是对城市的"空气质量级别预报"影响可能较大。因为气象预报在时间和空间的偏差，可能对一个大环流系统影响边沿的城市造成完全不一样的预报结果。例如，如果气象预报有较强冷空气影响到北京，但是实况冷空气只到张家口，北京还是维持原来静稳天气，那么基于气象预报条件的空气质量预报改善就会出现较大偏差。

空气质量预报涉及环境科学交叉学科的多个研究领域，存在受多种客观因素影响的不确定性。因此需要联合国内外空气质量预报研究发展水平最高、业务化水平和经验最丰富的科研院所的前沿科研技术力量团队，进行联合研究及业务化应用等共同建设，以集中最先进科学技术和资源，持续提高预报准确性水平，减少预报偏差和不确定性，达到最佳的服务效益。

最终，通过持续的科学技术发展和新技术的应用，在不久的将来逐步实现对区域和城市的污染过程发展和成因预测，实现像预防疾病一样预防污染，实现污染控制成效和环境健康风险影响快速评估，实现环境质量管理科学规划。

14. 空气质量重污染预报和预警的关系？

重污染预报是一种技术手段，预报员根据多种主观和客观预报技术综合判断，得出未来几天的空气质量级别和首要污染物，预报的主体单位一般是监测站等技术部门。而重污染预警是各级政府根据空气质量预报的结果发布的一种行政命令，预警的内容一般包括强制减排措施、倡议性减排措施和健康防护提示，以减缓空气重污染的程度和减轻对人民的健康损害。

15. 重污染预警的级别与对应的措施有什么关系？

一般来讲，各地的空气重污染预警分为 4 个级别，由轻到重依次为蓝色预警、黄色预警、橙色预警和红色预警。

蓝色预警健康防护引导措施：儿童、老年人和呼吸道、心脑血管疾病及其他慢性病患者减少户外活动。中小学、幼儿园减少户外活动。倡议性减排措施：公众尽量乘坐公共交通工具出行，减少机动车上路行驶；驻车时及时熄火，减少车辆原地怠速运行时间。加大对施工工地、裸露地面、物料堆放等场所实施扬尘控制措施力度。加强道路清扫保洁，减少交通扬尘污染。拒绝露天烧烤。

　　黄色预警及以上级别的预警，则包括了强制减排措施，且级别越高，减排措施越多。黄色预警的减排措施一般包括增加道路清扫保洁作业和停止室外建筑工地喷涂粉刷、护坡喷浆、建筑拆除、切割等施工作业。橙色预警则在黄色预警的基础上增加了排污企业实施停产、限产等措施，并对低排放标准汽车和建筑垃圾、渣土、砂石运输车辆实施禁行政策。红色预警则在橙色预警的基础上进一步增加了停产、限产企业数量，并实施机动车单双号限行和公务车停驶等政策。同时建议中小学、幼儿园采取弹性教学或停课等防护措施。

16. 环保部门发布的空气质量预报级别是怎样的？

　　环境空气质量指数为 0 ～ 50，空气质量级别为一级，空气质量状况属于优。此时，空气质量令人满意，基本无空气污染，各类人群可正常活动。

　　环境空气质量指数为 51 ～ 100，空气质量级别为二级，空气质量状况属于良。此时空气质量可接受，但某些污染物可能对极少数异常敏感人群健康有较弱影响，建议极少数异常敏感人群应减少户外活动。

　　环境空气质量指数为 101 ～ 150，空气质量级别为三级，空气质量状况属于轻度污染。此时，易感人群症状有轻度加剧，健康人群出现刺激症状。建议儿童、老年人及心脏病、呼吸系统疾病患者应减少长时间、高强度的户外锻炼。

　　环境空气质量指数为 151 ～ 200，空气质量级别为四级，空气质量状况属于中度污染。此时，进一步加剧易感人群症状，可能对健康人群心脏、呼吸系统有影响。建议疾病患者避免长时间、高强度的户外锻炼，一般人群适量减少户外运动。

环境空气质量指数为 201～300，空气质量级别为五级，空气质量状况属于重度污染。此时，心脏病和肺病患者症状显著加剧，运动耐受力降低，健康人群普遍出现症状。建议儿童、老年人和心脏病、肺病患者应留在室内，停止户外运动，一般人群减少户外运动。

环境空气质量指数大于 300，空气质量级别为六级，空气质量状况属于严重污染。此时，健康人群运动耐受力降低，有明显强烈症状，提前出现某些疾病。建议儿童、老年人和病人应当留在室内，避免体力消耗，一般人群应避免户外活动。

需要注意的是，AQI（环境空气质量指数）中除 $PM_{2.5}$ 外，还包括 SO_2、NO_2、PM_{10}、O_3、CO 五项参考标准。所以，空气重污染预警在提示空气质量恶化对人民身体健康的危害时，会更加全面和更有针对性。

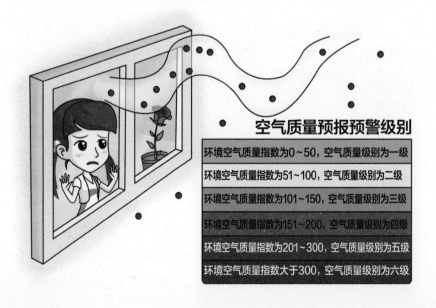

空气质量预报预警级别

环境空气质量指数为0～50，空气质量级别为一级

环境空气质量指数为51～100，空气质量级别为二级

环境空气质量指数为101～150，空气质量级别为三级

环境空气质量指数为151～200，空气质量级别为四级

环境空气质量指数为201～300，空气质量级别为五级

环境空气质量指数大于300，空气质量级别为六级

17. 可以从哪些渠道获取空气质量预报信息?

目前全国直辖市、省会城市、计划单列市已经首先实现 24 ～ 48 h 城市短期空气质量预报,提供公众健康生活出行指引服务,同时在京津冀、长三角及珠三角地区提供未来 5 d 的污染预报。全国重点区域及各省和省会城市的预报结果,每日会定时上传至中国环境监测总站的全国空气质量预报信息发布系统,并通过网页实时更新展示。

可以访问以下网站查询空气质量信息:

(1)环境保护部官网: http://www.mep.gov.cn/。

(2)全国空气质量预报信息发布系统: http://106.37.208.228:8082/。

(3)中国监测总站官方网址: http://www.cnemc.cn/。

全国空气质量预报信息发布系统,通过网页实时更新展示;
网页直接访问发布系统: http://106.37.208.228:8082/
中国监测总站官方网址: http://www.cnemc.cn/

18. 北京市环境空气质量对比前些年是否在逐步恶化，是从哪个科学角度分析的？

北京市环境空气质量呈现逐年好转的趋势。1998—2016 年，在经济社会快速发展和能源消耗不断攀升的背景下，北京市 SO_2 质量浓度下降了 91.7%，NO_2 质量浓度下降了 35.1%，PM_{10} 质量浓度下降了 51.1%。自 2013 年开展监测以来，$PM_{2.5}$ 质量浓度下降了 18.4%。因此，北京市整体空气质量呈现明显的改善趋势，体现了大气污染防治措施的显著效果。

1998—2016年，在经济社会快速发展和能源消耗不断攀升的背景下，北京市SO₂质量浓度下降了91.7%，NO₂质量浓度下降了35.1%，PM₁₀质量浓度下降了51.1%。自2013年开展监测以来，PM₂.₅质量浓度下降了18.4%。

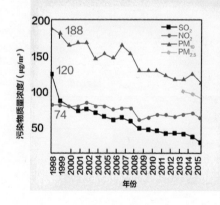

第三部分
来源与成因

19. PM₂.₅ 的主要来源有哪些？

　　PM₂.₅ 来源广泛、成因复杂，按照颗粒物的形成方式，可将颗粒物分为一次颗粒物和二次颗粒物。一次颗粒物由污染源直接排放，包括自然源和人为源，自然源包括土壤扬尘（沙尘暴等）、海盐粒子、火山爆发产生的火山灰、细菌、植物排放、森林大火等。人为源按照源排放过程中是否移动，主要分为固定源和移动源两种。固定源为人类生产生活活动中燃烧化石燃料或工艺过程中排放的颗粒物，如发电、炼钢、水泥等。移动源主要为在道路行驶过程中的机动车，同时也包括飞机、轮船、火车、工程机械和农业机械等非道路交通工具或机械在运行过程中产生的颗粒物。

　　二次颗粒物是大气中某些污染气体组分之间或这些组分与大气

中的正常组分通过光化学氧化反应等转化生成的粒子。二次颗粒物的形成机理比较复杂，目前尚不完全清楚，但总体来看，二次颗粒物对环境 $PM_{2.5}$ 的贡献不容忽视。

20. 本地源和外地源的贡献分别有多大？

空气是流动的，因而大气污染不仅可能来自本地源，同时也可能来自外地源。本地源和外地源的贡献情况除和排放源分布密切相关外，还受到气象条件的重要影响，要视具体城市和地区而定，难以一概而论。以 2014 年北京市 $PM_{2.5}$ 源解析结果为例，全年 $PM_{2.5}$ 来源中外地源贡献占 28% ～ 36%，本地源贡献占 64% ～ 72%，特殊重污染过程中，外地源贡献可达 50% 以上。

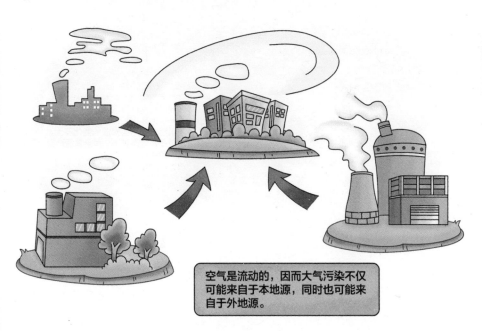

空气是流动的，因而大气污染不仅可能来自于本地源，同时也可能来自于外地源。

21. 空气质量为什么会在短时间内恶化？

　　空气质量短时间内发生恶化，原因是多样的，大致可分两种情况：①一次污染排放的急剧增加，如节假日尤其是春节期间集中燃放鞭炮，短时间内高强度的污染物排放使环境中的 $PM_{2.5}$ 和二氧化硫等气态污染物的浓度急剧升高，空气质量快速恶化；②虽然一次污染排放的变化不大，但是在静稳条件下，污染物很难得到扩散稀释，一些气态污染物如二氧化硫、二氧化氮、碳氢化合物等与大气中的其他物质发生反应（包括水蒸气），生成二次颗粒物，使 $PM_{2.5}$ 质量浓度出现了非线性叠加，空气质量在短期内迅速恶化。

空气质量短时间内发生恶化，原因大致可分为两种情况：
①一次污染排放的急剧增加；
②虽然一次污染排放的变化不大，但是在静稳条件下，污染物很难得到扩散稀释。

22. 减排和气象条件对空气重污染有什么样的影响？

空气重污染一方面受污染物排放量的影响，另一方面受大气扩散条件的影响。污染物排放是空气重污染的内因，而气象条件则为空气重污染的外因。内因是空气污染的依据，外因是空气污染的条件。空气重污染往往是在内外因共同作用下发生的。减排一方面可以减少颗粒物的一次排放，同时也可通过减少前体物的排放减少二次颗粒物的生成，这有利于减轻重污染程度。当不利气象条件发生时，静稳天气会阻碍空气的水平和垂直流通，极易导致局地和区域污染物迅速积累，造成 $PM_{2.5}$ 质量浓度的暴发式增长。但是气象条件往往非人力所能控制。

23. 机动车是怎样影响空气质量的？

机动车对空气质量的影响以尾气管排放为主，同时包括道路扬尘、刹车片磨损和燃油蒸发等形式。

尾气管排放的污染物中，除一次颗粒物外，还有氮氧化物、碳氢化合物等气态污染物，这些气态污染物在大气中有可能进一步转化形成 $PM_{2.5}$。因此，机动车尾气管排放对 $PM_{2.5}$ 的贡献包括一次和二次两大类，而且现在的研究普遍认为后者的贡献不小于前者。

根据第一批（2013—2014 年）完成大气细颗粒物源解析工作的北京、天津、上海、石家庄、南京、杭州、宁波、广州和深圳 9 个城市的结果表明，本地排放源中移动源（以道路机动车为主，包括船舶、工程机械等非道路移动源）对 $PM_{2.5}$ 的贡献为 15%～52%，其中北京、上海、杭州、广州和深圳等特大型城市的移动源排放已成为 $PM_{2.5}$ 污染的首要来源。

24. 散煤是怎样影响空气质量的？

相比工业燃煤，散煤燃烧具有如下特点：
a) 成本原因，散煤的品质通常较工业燃煤更差，硫分和灰分更高，因而污染更重；
b) 散煤燃烧的排放控制技术远远落后于工业燃煤排放控制技术，同样是1 kg的散煤和工业煤，散煤燃烧后排放的污染物更多；
c) 散煤燃烧的区域分布非常分散，其监管和控制难度更大。

散煤燃烧在燃烧过程中会直接排放细小的颗粒物，由于煤中成分影响，这些颗粒物中常富集着重金属和多环芳烃等有害物质，既影响空气质量，也对人体健康有一定的损害。此外，煤燃烧过程中还会释放二氧化硫和氮氧化物等气态污染物，这些气态污染物在大气中会继续反应转化形成 PM₂.₅。

相比工业燃煤，散煤燃烧具有如下特点：

a) 成本原因，散煤的品质通常较工业燃煤更差，硫分和灰分更高，因而污染更重；

b) 散煤燃烧的排放控制技术远远落后于工业燃煤排放控制技术，同样是 1 kg 的散煤和工业煤，散煤燃烧后排放的污染物更多；

c) 散煤燃烧的区域分布非常分散，其监管和控制难度更大。

25. 餐饮油烟是怎样影响空气质量的？

餐饮油烟中包含大量固态和液态颗粒物，同时还包含大量挥发性有机物（VOCs），VOCs是形成PM₂.₅的有机部分。

VOCs

美食城

烧烤店

餐饮油烟中包含大量固态和液态颗粒物，同时还包含大量挥发性有机物（VOCs），这些有机物能够在大气中进一步反应转化，形成 $PM_{2.5}$ 的有机部分。

餐饮油烟对 $PM_{2.5}$ 的生成有一定贡献已是不争的事实，但对于具体贡献率，科学上尚缺少有效的定量手段（有报道说贡献率在 10% 左右）。餐饮油烟（包括烧烤）分布广泛且牵涉千家万户，其排放控制的难度比较大；目前减少餐饮油烟排放的工作重点是加强油烟净化系统的管理以及倡导健康饮食方法。

26. 耸人听闻、极富煽动性的"核雾染"之说是怎么漏洞百出的，如何看待雾霾与放射性元素那些事儿？

放射性元素（如铀元素等）在颗粒物中的含量是极微的。

铀

雾霾的形成主要是污染物排放与不利气象条件共同作用的结果。放射性元素（如铀元素等）在颗粒物中的含量是极微的，不是形成雾霾的原因。

27. 厄尔尼诺、拉尼娜和空气质量有什么关系？

厄尔尼诺（西班牙语的译音），又称厄尔尼诺流域或圣婴现象，是秘鲁、厄瓜多尔一带的渔民用于称呼一种异常气候现象的名词。主要指太平洋东部和中部的热带海洋的海水温度异常地持续变暖，使整个世界气候模式发生变化，造成一些地区干旱而另一些地区又降雨过多。这现象往往持续好几个月甚至 1 年以上，影响范围极广。这现象持续 3 个月以上的就形成了厄尔尼诺事件。

拉尼娜（西班牙语的译音），是"小女孩""圣女"的意思，与厄尔尼诺相反的现象，也称为"反厄尔尼诺"，指发生在赤道太平洋东部和中部海水大范围持续异常偏冷的现象（海水表层温度较气温平均值低 0.5℃以上，且持续时间超过 6 个月）。同时全球性气候混乱，总是出现在厄尔尼诺现象之后。

厄尔尼诺对不同区域空气质量有着复杂的影响。研究结果表明，2015 年的超强厄尔尼诺事件一定程度上改变了大气环流，对我国华南、华北地区空气质量的影响刚好相反。在华南地区，东亚大槽的减弱增加了来自孟加拉湾和南海的水汽输送，导致中雨及以上强度的降水增加了 15% ～ 20%，雨水的冲刷效应增强使得该地区 PM₂.₅ 质量浓度普遍降低约 20 μg/m³。而在华北平原，大陆高压的减弱使得近地面风速减小（0.5 ～ 1.0 m/s），偏南气流显著增多，地形（燕山、太行山）的阻挡效应和区域输送相叠加，增加了北京及周边地区的气溶胶累积过程，导致 PM$_{2.5}$ 质量浓度偏高 $80 \sim 100$ μg/m³，加剧了该地区的重污染事件。

　　受拉尼娜气候影响，冬季出现冷冬的概率超过 80%，在偏冷的大形势下，冷空气更加频繁一些，北风来得也更多一些。在北风较多的情况下，空气污染物不易堆积，从大气扩散条件来说，霾污染可能会少一些。

厄尔尼诺又称厄尔尼诺海流域或圣婴现象，是秘鲁、厄瓜多尔一带的渔民用于称呼一种异常气候现象的名词。受拉尼娜气候影响，冬季出现冷冬的概率超过80%，北风来得也更多一些。从大气扩散条件来说，霾污染可能会少一些。

28. 气候异常和空气污染之间有什么关系？

　　气候异常，是指气候条件与多年的平均状况存在较大差异，多为不经常出现的事件，如严重干旱、特大暴雨、严重冰雹、特强台风等。气候异常会对人类活动和社会经济造成很大影响。气候异常与空气质量的关系较为复杂，如果气候异常导致静稳天气增多，会导致空气质量变差；反之，则有利于空气质量好转。

29. 空气污染和气象之间有什么关系？

　　气象用通俗的话来说，是指发生在天空中的风、云、雨、雪、霜、露、虹、晕、闪电、打雷等一切大气的物理现象。当天气过程和局地气象条件极其不利于污染物的扩散和稀释时，易发生空气污染。比如，当遭遇低压或均压场控制，静稳天气会阻碍空气的水平和垂直流通，局部气象条件往往表现为高湿、厚的逆温层，逆温强度大时，极易导致局地和区域污染物迅速积累，造成 $PM_{2.5}$ 质量浓度的暴发性增长；另外，当遭遇特定风向，也可造成上游污染物气团向下游区域输送而造成污染加重。总体来说，气象条件是空气污染发生的外因，污染物的排放才是空气污染发生的内因。

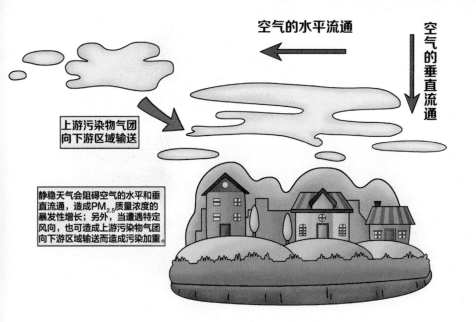

30. 如何科学看待雾霾（冷）与热岛效应（热）的辩证关系？

热岛是由于人们改变城市地表而引起小气候变化的综合现象，是城市气候最明显的特征之一。由于城市化速度的加快，城市建筑群密集，柏油路和水泥路面比郊区的土壤、植被吸热快而热容量小，使得同一时间城区气温普遍高于周围的郊区气温，高温的城区处于低温的郊区包围之中，如同汪洋大海中的岛屿，人们把这种现象称为城市热岛效应。

在热岛效应的作用下，城市中每个地方的温度并不一样，而是呈现出一个个闭合的高温中心。在这些高温区内，空气密度小，气压低，容易产生气旋式上升气流；城市上空的云、雾会增加，使周围各种废气和有害气体不断对高温区进行补充，有害气体、烟尘在城市上空积累；污染物的增加会导致空气质量下降，继而导致霾的产生，形成严重的大气污染。在这些有害作用下，高温区的居民极易患上消化系统或神经系统疾病，此外，支气管炎、肺气肿、哮喘、鼻窦炎、咽炎等呼吸道疾病人数也有所增多。

　　在新的研究中，耶鲁大学—南京信息工程大学大气环境中心的研究者估测了污染对中国大陆城市热岛效应的影响。研究发现，雾霾在夜间加重了热岛效应，而且能通过吸收额外的辐射，让城市温度升高 0.7℃。而这一现象在一些半干旱城市尤为明显。所以，雾霾和热岛效应在一定程度上有相互促进的作用。

　　热岛是由于人们改变城市地表而引起小气候变化的综合现象，在热岛效应的作用下，呈现出一个个闭合的高温中心。
　　雾霾在夜间加重了热岛效应，雾霾和热岛效应在一定程度上有相互促进的作用。

31. 大气边界层和空气质量的关系是怎样的？

　　大气边界层是指靠近地球表面、受地面摩擦阻力影响的大气层区域。当大气流过地面时，地面上各种粗糙面，如草、沙粒、庄稼、树木、房屋等会使大气流动受阻，这种摩擦阻力通过大气中的湍流而向上传递，并随高度的增加而逐渐减弱，达到某一高度后便可忽略。此高度称为大气边界层厚度，它随气象条件、地形、地面粗糙度而变化，为 300 ~ 1 000 m。当大气边界层高度变低时，不利于污染物的稀释和扩散，容易造成局地和区域污染物的积累和 $PM_{2.5}$ 质量浓度的增长。

当大气边界层高度变低时，不利于污染物的稀释和扩散，容易造成局地和区域污染物的积累和 $PM_{2.5}$ 质量浓度的增长。

32. 风电对灰霾的影响是怎样的？

发展风电对局地风速虽有一定影响，但影响的范围非常有限。丹麦科技大学和清华大学的研究结果表明，风电场对下游几千米到几十千米的地面风速有明显影响，但超过 100 km，影响可忽略不计。以北京为例，北京距离内蒙古 400 多 km，距离张家口约 200 km。所以内蒙古和张家口地区的风电不会对北京地区风速产生显著影响。

发展风电对局地风速虽有一定影响，但影响的范围非常有限。

超过100 km，影响可忽略不计。

33. 城市廊道建设对改善空气质量有什么贡献？

　　城市通风廊道系统构建的主要目的是改善城市密集区的风热环境，缓解中心城区的热岛效应。通俗地讲，就相当于"制造穿堂风"。但城市廊道建设工程成本较高，局地风场变化不可能改变系统的天气背景。

城市通风廊道系统构建的主要目的是改善城市密集区的风热环境，缓解中心城区的热岛效应。

34. 增加城市绿地（种树）对改善空气质量有什么贡献？

　　种树等增加城市绿地的行动可以减少浮尘、降低空气中二氧化碳含量、增加氧含量，虽然也会增加一些植物挥发性有机物排放，造成臭氧污染，但总体上有助于空气质量和生活环境的改善。

城市绿地（种树）对改善空气质量的主要贡献有以下 5 个方面：

（1）通过光合作用，吸收 CO_2，释放 O_2，有助于清新空气；

（2）吸收热量，降低局部大气温度；

（3）减少扬尘，净化空气；

（4）利用植物分泌的自然抗生素，抑菌消毒，净化空气；

（5）吸收 SO_2、HF、NH_3 以及汞、铅蒸气。

绿化面积（种树）对改善空气质量的主要贡献有以下4个方面：
（1）通过光合作用，吸收CO_2，释放O_2，有助于清新空气；
（2）吸收热量，降低局部大气温度；
（3）减少扬尘，净化空气；
（4）利用植物分泌的自然抗生素，抑菌消毒，净化空气；
（5）吸收SO_2、HF、NH_3以及汞、铅蒸气。

35. 在北京建立大功率风扇改善空气质量可行吗？

空气看上去很轻，通过风扇就可以使空气流动。但是如果考虑整个区域的空气总质量，即使使用大功率的风扇也不可能改变自然条件下空气的流动状态，人力与自然力相比还是微不足道的，因而在北京建立大功率风扇改善空气质量是不可行的。

人力与自然力相比还是微不足道的，因而在北京建立大功率风扇改善空气质量是不可行的。

36. 相对湿度和PM$_{2.5}$的形成有什么关系？

除了降水天气，一般来说，相对湿度与PM$_{2.5}$质量浓度呈正相关关系，也就是说，相对湿度越高，越易发生污染。一方面，因为高湿度的天气通常为静稳天气，空气污染物容易积累；另一方面，研究表明，高湿度条件会促进气态污染物（二氧化硫、氮氧化物和挥发性有机物等）通过大气化学反应生成PM$_{2.5}$，加剧空气污染。但当出现降水天气时，PM$_{2.5}$可以通过湿沉降被清除：降水将大气中的污染物夹带、溶解或冲刷下来，使污染物浓度降低。

除了降水天气，一般来说，相对湿度与PM~2.5~质量浓度呈正相关关系，也就是说，相对湿度越高，越容易发生污染。

PM~2.5~ WURAN FANGZHI

ZHISHI WENDA (XU)

PM~2.5~污染防治 知识问答（续）

第四部分
健康影响

37. 雾霾中的"新活跃分子"——耐药菌的作用方式是怎样的？

耐药基因与耐药菌是两个不同的概念。虽然发现了抗生素耐药性基因，但只有出现在活性致病性细菌中的耐药性基因才会成为问题，否则不会对人体产生直接影响。细菌的耐药性和致病性概念也不同，耐药性的增加不等于致病性的增强。在我们周围的环境中，存在大量的细菌或真菌，其中有些细菌是有益的。很多环境中都有耐药菌存在，包括南极和青藏高原，甚至普通人的肠道里都存在耐药菌。耐药菌是细菌在被消灭的过程中存在一个不断升级、筛选的结果。抗生素耐药性基因，只有同时满足三个条件时才令人担忧：①这种基因存在于空气中具有活性的细菌细胞内；②这些细菌具有致病性；③空气中这些细菌的密度足够高。

雾霾中的抗生素耐药性基因，只有出现在活性的致病性细菌中的耐药性基因才会成为问题，否则不会对人体产生直接影响。

38. PM$_{2.5}$与肺癌死亡率上升有什么关系？

（1）国外研究表明 PM$_{2.5}$ 与肺癌死亡率呈正相关关系

世界卫生组织于 2013 年将"室外空气污染"列为一类致癌物，并将它视为迄今"最广泛传播的致癌物"。加拿大渥太华大学研究发现，PM$_{2.5}$ 与肺癌存在明显相关性。空气污染与肺癌的产生和死亡率有密切关系，污染越严重，肺癌患者越多、死亡率越高；反之则越少、越低。

（2）肺癌的发生与多种因素有关

肺癌的发生是多种因素共同作用的结果，肺癌死亡率的上升并不完全由 PM$_{2.5}$ 的上升负责，还包括烟草、厨房油烟、装修污染等因素。

（3）我国 PM$_{2.5}$ 与肺癌死亡率上升关系的研究尚缺少数据支撑

在 PM$_{2.5}$ 与肺癌死亡率上升的具体关系方面应该采取科学的态度，在跟踪本地区各个疾病的发病率情况的基础上，进行长期流行病学研究。但是，我国启动将 PM$_{2.5}$ 作为空气质量检测标准是从 2015 年才正式开始的，北京市也是从 2014 年才开始试点工作。因此，我国目前尚没有 PM$_{2.5}$ 与肺癌发病直接证据的相关研究数据。

39. 如何理解 IARC 将 PM$_{2.5}$ 列为一级致癌物？

（1）WHO 的报告具有权威性

世界卫生组织（WHO）下设的国际癌症研究机构（International Agency for Research on Cancer，IARC）是世界范围内癌症研究最权威的机构之一，其研究结果在全球认同度很高。IARC 宣布空气污染为一类致癌物，意味着空气污染致癌的风险已经提高到非常高的级别。IARC 指出，"如果归结为一类致癌物，则说明致癌的证据非常强，有人体研究的证据。"

（2）公众不必因此恐慌

要辩证地看 IARC 的报告——空气颗粒物作为一个复合污染体，确实可能增加了致癌的风险，但中国公众不必盲目恐慌。IARC 报告虽指出颗粒物和癌症有一定的关系，但也指出这是小概率事件。

（3）IARC 的报告会推动中国大气污染防治

IARC 的报告对空气污染致癌给予了明确的定性，不仅提供了空气污染对健康影响的最新依据和参照，对推动政府更加重视大气污染治理，制定更加科学也更加严格的标准具有十分重大的意义。

40. 怎样识别不靠谱谣言？

互联网时代，信息爆炸，眼球经济、各种网红和意见领袖的出现，使信息权威性逐渐下降，娱乐性上升。科学作为一个方法体系，有其自身的论证体系与评价方法，而不仅仅是一个结论。因此公众应提高自身的科学素质，提高对无来源、无依据和无逻辑性谣言的辨识能力。以下均属于不靠谱谣言：

（1）雾霾天吃什么菜可防霾 精选 7 种抗霾蔬菜

（2）雾霾让人变丑？学者说有依据

（3）新发现：雾霾可导致肥胖

（4）江苏如东紫菜腐烂歉收：官方否认化工厂排污，疑与雾霾等有关

（5）雾霾天 隐形眼镜戴不得

（6）医学家称康熙、乾隆或死于雾霾：清代京城霾灾重

（7）雾霾对肌肤伤害有多大？不防护等于毁容

（8）多吃蔬菜水果可防雾霾

41. 有待进一步研究的言论有哪些？

科学问题层出不穷，但科学研究有一个过程，这个过程有时候很长。雾霾对人体健康影响方面的研究，我国还处在起步阶段，许多问题还有待研究。特别是定量化的研究结果，需要很长的周期。一些研究结果虽然已发表在国际期刊上，但确定性的结论仍需进一步证实。建议公众正确理解，不要过度恐慌。以下均属于有待进一

步研究的言论：

　　（1）雾霾导致北方人少活了 5.5 年？

　　（2）雾霾严重导致不孕不育夫妻数量增多？

　　（3）雾霾可能导致脑损伤？

　　（4）雾霾会不会使人抑郁？

　　（5）雾霾天气导致小儿佝偻病高发？

42. 怎么研究空气污染对人体健康的影响？

　　大气污染对人体健康的影响已成为公众以及各国政府关注的焦点。目前，国内外对空气污染的人体健康风险的研究主要集中于 $PM_{2.5}$。从研究时长来分，主要包括长期暴露风险和短期暴露风险的研究，分别通过长期低质量浓度暴露和短期高质量浓度暴露来研究 $PM_{2.5}$ 与人体健康风险的相关性；从研究尺度来分，从宏观到微观尺度的研究主要包括人群流行病学实验研究或准实验研究、志愿者暴露试验以及整体动物和细胞毒理学研究；从研究内容来分，目前的研究主要集中于探讨 $PM_{2.5}$ 与人群心肺疾病发病率和死亡率的关系、$PM_{2.5}$ 对呼吸系统的影响、$PM_{2.5}$ 对心血管系统的影响、$PM_{2.5}$ 对神经系统的影响、$PM_{2.5}$ 对免疫系统的影响以及 $PM_{2.5}$ 与癌症和出生缺陷的关系。此外，$PM_{2.5}$ 对人体健康的影响研究还包括 $PM_{2.5}$ 健康效应的关键机制、$PM_{2.5}$ 化学组分与其健康效应的关系以及 $PM_{2.5}$ 对健康影响的阈值研究。

主要包括长期暴露风险和短期暴露风险的研究，分别通过长期低质量浓度暴露和短期高质量浓度暴露来研究 $PM_{2.5}$ 与人体健康风险的相关性

43. 颗粒物中不同组分是如何影响健康的？

PM$_{2.5}$中的多种成分都会对人体健康造成不利影响。

重金属易通过呼吸作用随PM$_{2.5}$进入人体，重金属在体内被溶解、吸收，进而对心肺等有机体造成损害。

　　PM$_{2.5}$的组分构成很复杂，其中无机组分包括元素碳、水溶性离子、金属和非金属化合物。PM$_{2.5}$中的多种成分都会对人体健康造成不利影响。研究表明，颗粒物中碳组分对人体健康有不利影响，尤其会对呼吸系统和心血管系统产生不利的影响，有机碳中的多环芳烃是一种致癌、致畸的组分，碳组分附着于细颗粒物中，易进入肺的深处并沉积，可能引起肺部炎症、降低肺功能、过敏反应、哮喘、心律失常甚至是心肌梗死等症状，给人体健康带来严重的危害。另外，重金属元素是细颗粒物中重要的无机组分，重金属的蓄积性强、毒性大、易通过呼吸作用随 PM$_{2.5}$ 进入人体，在体液的作用下，重金属在体内被溶解、吸收，进而对心肺等有机体造成损害。因此，建议公众特别是敏感人群根据 AQI 指示，合理规划出行及进行健康保护。

PM₂.₅ 污染防治 知识问答（续）

第五部分
控制对策

44. "大气十条"都有哪些 PM$_{2.5}$ 治理措施？

2013 年 9 月，国务院发布了《大气污染防治行动计划》（简称"大气十条"），该计划中针对大气 PM$_{2.5}$ 污染治理的主要措施包括以下几个方面：

（1）统筹区域环境资源，优化产业和能源结构

严格控制高耗能、高污染项目建设，严格控制污染物新增排放量，实施特别排放限值，提高挥发性有机物排放类项目建设要求；淘汰火电、钢铁、建材以及挥发性有机物排放等重污染行业落后产能；大力发展清洁能源，实施煤炭消费总量控制，扩大高污染燃料禁燃区；加大热电联供，淘汰分散燃煤小锅炉，改善煤炭质量，推进煤炭洁净高效利用。

（2）深化大气污染治理，实施多污染物协同控制

全面推进二氧化硫、氮氧化物、颗粒物和挥发性有机物减排，加强火电、钢铁、水泥、工业锅炉、工业炉窑和石化等行业的烟气二氧化硫、氮氧化物、颗粒物和挥发性有机物治理工作，实施多种污染物协同减排。

（3）强化机动车污染防治，有效控制移动源排放

促进交通可持续发展，推动油品配套升级，加快新车排放标准实施进程，加强车辆环保管理，加速淘汰黄标车，开展非道路移动源污染防治等。

（4）加强扬尘控制，深化面源污染管理

加强城市扬尘污染综合管理，强化施工扬尘监管，控制道路扬尘污染，推进堆场扬尘综合治理；加强城市绿化建设，加强秸秆焚烧环境监管，推进餐饮业油烟污染治理等。

（5）创新区域管理机制，提升联防联控管理能力

建立统一协调的区域联防联控工作机制、大气环境联合执法监管机制、重大项目环境影响评价会商机制、环境信息共享机制以及区域大气污染预警应急机制等；完善财税补贴激励政策，深入推进价格与金融贸易政策，完善挥发性有机物等排污收费政策，全面推行排污许可证制度，实施重点行业环保核查制度，推行污染治理设施建设运行特许经营，实施环境信息公开制度，推进城市环境空气质量达标管理等。

针对大气PM$_{2.5}$污染治理
的主要措施包括以下几个方面：
  （1）统筹区域环境资源，优化产业和能源结构；
  （2）深化大气污染治理，实施多污染物协同控制；
  （3）强化机动车污染防治，有效控制移动源排放；
  （4）加强扬尘控制，深化面源污染管理；
  （5）创新区域管理机制，提升联防联控管理能力。

45. "大气十条"自实施以来在PM$_{2.5}$的治理上取得了哪些效果？

中国工程院发布的"大气十条"实施情况中期评估报告中提到，全国城市空气质量总体改善，PM$_{2.5}$、PM$_{10}$、NO$_2$、SO$_2$ 和 CO 的年均质量浓度和超标率均逐年下降。与此同时，全国城市空气质量总体改善，各污染要素质量浓度逐年下降，重度及严重污染天数降幅明

显。在 PM$_{2.5}$ 浓度改善上，贡献最大的措施是重点行业提标改造，贡献率为 31.2%；产业结构调整、燃煤锅炉整治和扬尘综合整治是对 PM$_{2.5}$ 质量浓度改善较大的另外 3 项措施，分别贡献了 21.2%、21.2% 和 15.2%。在机动车管控方面，黄标车及老旧车辆淘汰与油品升级贡献了全国氮氧化物减排量的 9%。除常规措施，重污染应急措施也能够显著降低 SO$_2$、NO$_x$ 和一次 PM$_{2.5}$ 的排放，并在短时间内有效降低 PM$_{2.5}$ 的浓度。

46. "区域联防联控" 机制是如何推动区域空气质量改善的？

近年来，粗放型的经济增长方式带来的区域性大气污染问题日益突出，大气环境问题在很多城市群地区表现出显著的区域性，最

为突出的问题就是 $PM_{2.5}$ 污染。城市间大气污染是相互影响的，形成 $PM_{2.5}$ 的污染物是可以跨越城市甚至省际的行政边界远距离输送的，所以仅从行政区划的角度考虑单个城市大气污染防治已难以解决大气污染问题。因此，开展城际甚至省际的区域大气污染联防联控是解决区域大气污染问题的有效手段。国内外在这方面已积累了成功经验。在北京奥运会期间，北京及周边六省份积极探索区域大气污染联防联控管理机制，圆满完成了北京奥运空气质量保障工作，为解决区域大气污染问题奠定了坚实的基础。美国在 2003 年以前已经面临较为严重的地面臭氧污染，促使美国政府重新审视区域大气污染管理的重要性，并促成了州实施计划（SIP）的制订和实施。欧洲区域大气污染管理方面的经验则相对成熟，欧盟自 1979 年以来签署的一系列远距离大气污染公约对有效控制欧洲大陆总体环境空气质量起到了关键作用。

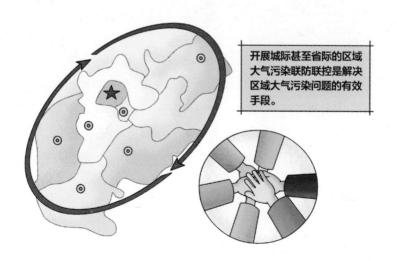

开展城际甚至省际的区域大气污染联防联控是解决区域大气污染问题的有效手段。

47. 以"科学会商"为核心的管理机制对雾霾治理的作用？

区域重污染天气应急需要包括环境、气象、经济、社会、工程等多领域专家进行科学会商，从而为决策制定提供依据，为环境空气质量改善提供技术支撑。

科学会商

如何治理雾霾？

　　由国务院和环境保护部牵头，各省市参与组建区域大气污染防治协作小组，统筹区域重污染天气应急工作。各省市牵头组织成立重污染天气应急指挥部，省（市）环保厅（局）、省（市）气象局、省（市）发展改革委、经贸委、公安厅（局）、城乡建设委、城管委等为成员单位，应急指挥领导小组办公室设在省（市）环保厅（局）。

　　当预测污染水平和污染潜势达到区域重污染天气应急预案标准时，区域大气污染防治协作小组迅速召集专家会商。根据会商结果，发布区域应急响应信号，通知区域内各省市重污染天气应急指挥部和各部门启动相应级别的应急行动。各省市重污染天气应急指挥部和相关部门在接到应急响应信号后，立即启动相应级别的应急行动，采取对应的措施，及时向应急指挥办公室报告动态应急情况。应急措施启动后，根据未来短期气象条件、环境空气质量预报情况，当预测未来短期内空气污染指数回落至下一级应急级别或最低应急级别以下时，区域协作小组经会商决定，向相关城市、部门和单位发布调整应急行动级别或解除应急行动的通知。

进行区域重污染天气应急，需要处理好"地区之间""部门之间"和"领域之间"三大关系。科学技术是环境保护的重要支撑，必须紧密依托高端的专家团队。区域重污染天气应急需要包括环境、气象、经济、社会、工程等多领域专家进行科学会商，从而为决策制定提供依据，为环境空气质量改善提供技术支撑。

48. 通过多污染物的（SO_2、NO_x、PM、VOCs）协同控制，如何实现空气质量的改善？

$PM_{2.5}$来源十分复杂，既有燃煤、机动车、扬尘等直接排放的细颗粒物，也有空气中二氧化硫、氮氧化物和挥发性有机物经过复杂的化学反应转化生成的二次细颗粒物。可以说，$PM_{2.5}$污染是我国当前环境形势呈结构型、复合型、压缩型特征的最具代表性的问题。大气复合型污染是多种污染物所形成的一种污染，存在多种污染物的相互作用、多种过程的耦合、各种污染问题相互关联。因此，单一污染物的控制不能有效改善城市群的污染状况，应在多污染物协同控制的策略下，对各种相关的污染问题进行整体考虑，以有效控制$PM_{2.5}$的污染问题，整体改善我国大气环境空气质量。

为了有效控制PM₂.₅的污染问题，应在多污染物协同控制的策略下，对各种相关的污染问题进行整体考虑，整体改善我国大气环境空气质量。

49. 电厂脱硝对大气颗粒物中硫酸盐的生成有什么影响？

安装了尾气脱硝装置的电厂，其烟气脱硝效率一般能达到50%~80%，可以有效地减少氮氧化物的排放，从而控制硫酸盐及其他二次污染物的生成。

二氧化氮可在大气气溶胶液相中快速氧化二氧化硫生成硫酸盐。由于具有强吸水性，形成的硫酸盐在雾霾天高湿度条件下会促进硝酸盐和二次有机气溶胶的形成，这些物质之间的协同效应会加剧雾霾污染，因此控制大气中氮氧化物的排放对于硫酸盐的生成有很重要的意义。在二次转化形成的 $PM_{2.5}$ 中，火电行业氮氧化物转化部分的贡献为 32%，重点地区能达到 61%，因此控制电厂氮氧化物的排放是十分必要的。此外，安装了尾气脱硝装置的电厂，其烟气脱硝效率一般能达到 50% ~ 80%，可以有效地减少氮氧化物的排放，从而控制硫酸盐及其他二次污染物的生成。

50. 大气氨排放对 $PM_{2.5}$ 有什么影响？

我国农业大量施用氮肥以及持续扩大的禽畜养殖业是氨污染的最大来源，城市周边工业氨排放也是原因之一。在过去的 20 多年，我国一直是全球最大的氨排放国家。氨易溶于水，当大气湿度增高时，氨会更容易与水进行反应，大气中的水又吸收了燃煤、汽车尾气污染源等排放出的二氧化硫和二氧化氮，从而变成液相亚硫酸和亚硝酸。其在合适的氧化反应条件下，就会转化成硫酸和硝酸，并与氨发生中和反应，生成颗粒态的硫酸铵和硝酸铵。从全国平均水平来看，在轻污染天气中，氨排放后生成的硫酸铵、硝酸铵的质量浓度总和大约占 $PM_{2.5}$ 的 20% 以下，但在重污染天里，则急遽升至 40% 以上。大气中的氨对颗粒物的形成和增长起着极其重要的作用，可以说是大气霾污染的生成促进剂。

脱硝系统（SCR 反应）中虽然会导致氨排放的增加，但是相较于禽畜牧业，其排放量还是非常少的。此外，氨逃逸的控制也在电厂脱硝系统的操作中被严格规定，大量的氨逃逸还会损害后续的工况、影响设备，因此在环境保护部下发的《火电厂烟气脱硝工程技术规范　选择性催化还原法》（HJ 562—2010）中明确规定，SCR 反应中氨逃逸质量浓度宜小于 2.5 mg/m³。

城市周边工业氨排放　　扩大的禽畜养殖业　　大量施用氮肥　　氮肥

51. 超低排放（近零排放）的效益如何？

现阶段，燃煤电厂已经具备了全面实施超低排放的能力和条件，其他的一些行业也在研究和尝试。电力行业为减排做出了突出贡献，起到引领作用。煤电机组在实现大气污染物超低排放后，其烟尘、二氧化硫和氮氧化物排放质量浓度和总量相对于《火电厂大气污染物排放标准》（GB 13223—2011）规定的重点地区标准（烟尘为 20 mg/m³、二氧化硫为 100 mg/m³、氮氧化物为 100 mg/m³）将分别减排 50%、65%、50%，达到燃气机组的排放标准。这样，煤电对环境的影响会明显减缓，对降低 PM$_{2.5}$ 污染将做出积极贡献。以 2013 年数据为基准，全国燃煤机组烟尘、二氧化硫和氮氧化物排放量分别为 142 万 t、820 万 t 和 834 万 t，分别占全国全口径煤炭燃烧污染物排放量的 17%、40% 和 37%。若从 2015 年开始全国燃煤机组全部实现超低排放，5 年内烟尘、二氧化硫和氮氧化物年均减排放量分别为 27 万 t、155 万 t 和 154 万 t，年均减排率分别为 19.0%、18.9% 和 18.5%，将对改善环境空气质量做出重要贡献。

推动超低排放不仅仅针对电力行业，所有行业都会面临不断提升企业环境绩效的挑战。我国的这些行业体量大，分布密度比较高，尤其是东部地区，将污染负荷减下来是每个行业的责任，通过多行业的共同努力才能够有效解决环境问题。

52. 政府实施了哪些排放源控制措施？

京津冀及周边地区根据当地污染特征，针对重污染天气期间的不同预警等级，制定了有针对性和可操作性的应急响应措施。其中，工业源针对重点工业企业，采取停产、限产、限排等措施；移动源方面采取禁止老旧高排放车上路行驶，重型柴油车等高排放车辆限制使用和绕行疏导，红色预警等级下进一步采取机动车尾号限行等措施；对扬尘源的控制，主要集中在停止工地施工，禁止建筑垃圾、渣土、沙石运输车辆行驶，增加道路清扫和洒水频次等方面。

53. 控制机动车排放的技术措施有哪些？

根据控制方向和对象的不同，机动车排放控制技术主要分为五个方面：

（1）控制燃料的蒸发排放。控制车辆燃油蒸发和泄漏是控制汽油车 HC 排放污染的一个重要措施。

（2）改善发动机的燃烧系统。利用发动机本身的工作过程降低机动车污染物排放，该措施从有害排放物的生成机理出发，对燃烧方式和过程进行改进，从而控制污染物的产生。

（3）处理发动机排放污染物。在改善发动机燃烧系统的基础上进行末端处理，汽油车末端处理主要措施是催化净化技术，柴油车后处理控制技术主要有吸附和催化反应两种方法。其催化转化技术与汽油车的催化转化方法相似，主要用于减少 NO_x 的排放。而排放污染物中含有的大量微粒，主要靠过滤器、收集器等装置来捕获收集，以降低其向大气中的排放量。

机动车排放控制技术主要分为五个方面：
（1）控制燃料的蒸发排放
（2）改善发动机的燃烧系统
（3）处理发动机排放污染物
（4）改进车用燃料和开发燃料替代技术
（5）开发和利用电力驱动汽车技术

（4）改进车用燃料和开发燃料替代技术。改善传统车用燃料（汽油和柴油）的质量是一个非常重要的改善排放的手段；采用替代燃料（包括天然气、液化石油气、汽油混合燃料、氢燃料等）的目的在于节约能源、改善能源结构以及减少气态和颗粒态污染物排放，但对于排放的影响估计应非常谨慎。

（5）开发和利用电力驱动汽车技术。电动车几乎不存在内燃机机动车所造成的污染，目前国内外电动车研制发展方向主要为开发纯电动车、混合动力电动车和燃料电池车。

54. 油品改善如何影响空气质量？

改进发动机设计和净化尾气，是实现机动车尾气减排的关键，但前提是要有品质与之相适应的车用油，油品质量对削减车辆污染排放、保证发动机机器排放控制系统正常工作十分重要。

柴油质量对排放的影响主要包括三个方面，即含硫量、十六烷值和芳香烃含量。柴油中含硫量对排放的影响有直接影响和间接影响，降低柴油中含硫量不仅可以减少燃烧后排放到大气中的二氧化硫，还能减少由催化转化形成的硫酸盐和硫酸，降低气溶胶的生成。在一定范围内提高十六烷值可以降低白烟、HC、CO、NO_x 以及颗粒物的排放。芳香烃是柴油的重要组分，降低芳香烃含量可减少碳烟颗粒的产生，有利于排放和车辆噪声的控制。

油品质量对削减车辆污染排放、保证发动机机器排放控制系统正常工作十分重要。

55. 如何看待现代生活中加强秸秆焚烧、露天烧烤管控？

我国是农业大国，农田秸秆露天焚烧是我国 PM$_{2.5}$ 的重要来源之一。

露天烧烤缺乏最基本的污染控制措施，产生的烟雾中有毒物质达上百种。

秸秆焚烧

露天烧烤

　　我国是农业大国，农田秸秆露天焚烧是我国 PM$_{2.5}$ 的重要来源之一。农作物秸秆中含有氮、磷、钾、碳、氢、硫等多种元素，在焚烧时能够释放出大量的氮氧化物、PM$_{2.5}$ 等污染物。尤其是刚收割的秸秆尚未干透，经不完全燃烧产生的污染物量更多。此外，秸秆焚烧形成大量的烟雾，导致能见度大大降低，严重干扰正常的交通运输，容易引发交通事故，还会影响飞机的正常起飞和降落。

　　我国自 2004 年开始利用卫星遥感手段对每年夏秋两季的秸秆焚烧情况进行实时监测，目前秸秆禁烧政策已取得初步成效。国务院办公厅在 2008 年印发了《关于加快推进农作物秸秆综合利用的意见》，推进全国范围的秸秆综合利用。2014 年国务院将秸秆禁烧工作纳入对各省区人民政府对《大气污染防治行动计划》实施情况的年度考核和终期考核范围。

　　露天烧烤缺乏最基本的污染控制措施，产生的烟雾中有毒物质达上百种，其中苯并［a］芘是国际公认的强致癌物，对空气质量和人体健康的具体影响还有待进一步定量研究。在现有监管力量有限的情况下，虽然要集中力量抓住重点污染源，但无论是哪个行业、何等规模的企业和经营者，只要没有稳定达标，就不该逃过日常监管的法眼，需要通过日常监管与应急监管相结合的管理措施达到改善空气质量的目的。

56. 风（雨）来了，霾去哪儿了？

雨水和雪花把空气中的脏东西洗刷到地面，减少悬浮在空气中的污染物。

雾霾消散可以依靠大风，颗粒物分散到更广阔的天空里，浓度就会下降。这好比一滴墨汁落在一碗水中，逐渐扩散到各处，墨汁颜色就变淡了。除了水平方向的大风，大气垂直方向的运动对颗粒物也有扩散作用，空气中污染物也会被稀释。另外，通过大气中的物理化学过程，如一些硫化物变成硫酸盐，汽车尾气排放的氮氧化物变成了硝酸盐，这些颗粒物吸湿、碰撞并增长到足够大就会受重力作用沉降下来。另外降雪、降雨对净化空气也有显著效果。雨雪过后，人们常常感觉空气"干净得像被洗过"，雨水和雪花把空气中的脏东西洗刷到地面，减少悬浮在空气中的污染物。因而雨雪过后，感觉空气清新了许多。

57. 雾炮车有什么作用？

雾炮车主要利用水滴对颗粒物的清除作用，这种清除作用对局地粗粒子会有一定效果。

　　雾炮车，也叫作多功能抑尘车。主要由风机、机组、水罐三部分组成。水罐能装约 9 m^3 水，可喷射出几十米到几百米远的水雾。雾炮车主要利用水滴对颗粒物的清除作用，这种清除作用对局地粗粒子会有一定效果。如施工工地这种扬尘比较大的作业场所，为了将扬尘控制下去，用雾炮车将水雾化，一些高速雾状的水滴或水雾再跟扬尘相互碰撞，将空中范围较大的颗粒物喷成雾化的东西，经过凝集、碰撞、扑击，最后沉降到地面。但是雾炮车所影响的范围与整个大气环境相比微不足道，因此利用雾炮车净化环境空气以消除雾霾是不现实的。

58. 什么是雾霾净化塔？

雾霾净化塔：一座由荷兰艺术家兼设计师设计的雾霾净化塔在2014年9月到达北京，位于798园区东北侧的751动力广场附近。

雾霾净化塔的效果实际上对于雾霾治理微乎其微：空气净化器只有在密闭或半密闭的空间内才能发挥效用。

　　雾霾净化塔：一座由荷兰艺术家兼设计师设计的雾霾净化塔于2014 年 9 月到达北京，位于 798 园区东北侧的 751 动力广场附近。雾霾净化塔高达 7 m，外形很像放大版的空气净化器。从目前的测试情况看，该装置只对局部的空气污染起到一定净化效果，而引进雾霾净化塔的主要考量是出于警示作用。

　　雾霾净化塔的效果实际上对于雾霾治理微乎其微：空气净化器只有在密闭或半密闭的空间内才能发挥效用。雾霾净化塔相当于一个放大了的净化器，放到室外每小时净化 3 万 m³ 空气，与一个中型餐馆油烟处理的量相当；它对周围环境不可能产生明显作用，对雾霾治理既不治标，也不治本。总之，在室外放置雾霾净化塔所能清除的空气污物量和改善范围都很有限，起不了多大作用。因为，大气扩散和输送的稀释作用，大气中污染物的浓度比源排放口要低好几个数量级。同样的资源（投资和能源），污染物排放的源头治理要有效得多。

PM~2.5~ WURAN FANGZHI

PM~2.5~ 污染防治

ZHISHI WENDA (XU)

知识问答（续）

第六部分
国际治理大气污染的经验借鉴

59. 洛杉矶光化学烟雾事件是怎么回事？

时间：美国洛杉矶光化学烟雾事件是世界有名的公害事件之一，约自 1943 年起出现在美国洛杉矶市。在 1952 年 12 月的一次光化学烟雾事件中，洛杉矶市 65 岁以上的老人有 400 多人死亡。1955 年 9 月，由于大气污染和高温，短短两天之内，65 岁以上的老人又死亡 400 余人，许多人出现眼睛痛、头痛、呼吸困难等症状甚至死亡。

背景：发生于美国洛杉矶的一起大气污染公害事件，是最早出现的新型大气污染事件之一。洛杉矶市三面依山，一面临海，处于盆地之中，大气状态以下沉气流为主，地理环境极不利于污染物的扩散；且该市常年高温少雨，日照强烈。20 世纪 40 年代以来，全市拥有 250 多万辆汽车，每天大约消耗 1 600 万 L 汽油，排出 1 000 多 t 碳氢化合物、300 多 t 氮氧化合物、700 多 t 一氧化碳。这些化合物被排放到阳光明媚的洛杉矶上空，在强烈的阳光（紫外线）照射下发生化学反应，形成光化学烟雾。从 1943 年开始，每年从夏季至早秋，阳光强烈，并出现逆温，市区空气在水平方向缓慢移动，洛杉矶城市上空就会出现弥漫整个天空的浅蓝色光化学烟雾，滞留于市区久久不散，使人眼睛发红、咽喉疼痛、呼吸憋闷、头昏、头痛，严重情况下造成死亡。1943 年以后，光化学烟雾更加肆虐。

主要污染物：光化学烟雾是汽车、工厂等污染源排入大气的碳氢化合物、氮氧化物、一氧化碳等一次污染物在阳光（紫外光）下发生光化学反应生成的二次污染物，其中臭氧是最主要的，约占 85% 以上，其次是过氧乙酰硝酸酯（PAN）和醛类。此外，还含有少量的酮类、醇类、酸类等，还包括硫氧化物、二氧化硫及经其氧化生成的硫酸雾。

危害：仅 1950—1951 年，美国因大气污染造成的损失就达 15

亿美元。1955 年，因呼吸系统衰竭死亡的 65 岁以上的老人达 400 多人；1970 年，75% 以上的市民患上了红眼病。光化学烟雾事件也造成了远离城市 100 km 以外的海拔 2 000 m 高山上的大片松林因此枯死，柑橘减产。

（1）损害人和动物的健康

臭氧是一种强氧化剂，在 0.1×10^{-6}（即大气中臭氧的体积分数，下同）浓度时就具有特殊的臭味。并可达到呼吸系统的深层，刺激下气道黏膜，引起化学变化，其作用相当于放射线，使染色体异常，使红血球老化。PAN、甲醛、丙烯醛等产物对人和动物的眼睛、咽喉、鼻子等有刺激作用，其刺激限值也为 0.1×10^{-6} 左右。人和动物吸入这些物质引发的主要症状有眼睛和黏膜受刺激、头痛、呼吸障碍、慢性呼吸道疾病恶化、儿童肺功能异常等。此外光化学烟雾能促使哮喘病患者哮喘发作。长期吸入氧化剂能降低人体细胞的新陈代谢，加速人的衰老。PAN 还有可能引发皮肤癌。

（2）影响植物生长

臭氧影响植物细胞的渗透性，可导致高产作物的高产性能消失，甚至使植物丧失遗传能力。植物受到臭氧的损害，开始时表皮褪色，呈蜡质状，经过一段时间后色素发生变化，叶片上出现红褐色斑点。PAN 使叶子背面呈银灰色或古铜色，影响植物的生长，降低植物对病虫害的抵抗力。

（3）影响材料质量

光化学烟雾会促成酸雨形成，造成橡胶制品老化、脆裂，使染料褪色，建筑物和机器受腐蚀，并损害油漆涂料、纺织纤维和塑料制品等。

（4）降低大气的能见度

光化学烟雾的重要特征之一是使大气的能见度降低，视程缩短。

这主要是污染物质在大气中形成气溶胶引起的。这种气溶胶颗粒大小一般多在 $0.3 \sim 1.0$ μm（即 $PM_{0.3} \sim PM_{1.0}$，属于 $PM_{2.5}$ 的一部分）。由于这样大小的颗粒不易因重力作用而沉降，能较长时间悬浮于空气中，且它们的粒径与人视觉能力的光波波长相一致，能散射太阳光，从而明显地降低大气的能见度，进而妨害汽车与飞机等交通工具的安全运行，导致交通事故增多。

光化学烟雾是汽车、工厂等污染源排入大气的碳氢化合物、氮氧化物、一氧化碳等一次污染物在阳光（紫外光）下发生光化学反应生成的二次污染物。

60. 比利时马斯河谷烟雾事件是怎么回事？

此次污染事件，几种有害气体与煤烟、粉尘同时对人体产生了毒害。

　　时间：1930年12月1日—5日发生在比利时马斯河谷工业区。是20世纪最早记录的大气污染惨案。

　　背景：比利时马斯河谷烟雾事件是20世纪世界十大公害事件之一。在比利时境内沿马斯河24 km长的一段河谷地带，即马斯峡谷的列日镇和于伊镇之间，两侧山高约90 m。许多重型工厂分布在河谷上，包括炼焦、炼钢、电力、玻璃、炼锌、硫酸、化肥等工厂，还有石灰窑炉。1930年12月1日—5日，时值隆冬，大雾笼罩了整个比利时大地。比利时列日市西部马斯河谷工业区上空的雾特别浓。

由于该工业区位于狭长的河谷地带，气温发生了逆转，大雾像一层厚厚的棉被覆盖在整个工业区的上空，致使工厂排出的有害气体和煤烟粉尘在地面上大量积累，无法扩散，SO_2 的浓度也高得惊人。

主要污染物：有害气体（SO_2 气体和 SO_3 烟雾）与煤烟、粉尘产生的混合物同时对人体产生了毒害作用，是主要致害的物质。

危害：SO_2 常温下为无色有刺激性气味的有毒气体，密度比空气大，易液化，溶于水、乙醇和乙醚，是还原剂。主要是由煤、石油、天然气等化石燃料的燃烧和生产工艺过程中采用的含硫原料所产生的。

体积分数在 0.5×10^{-6}（换算后约为 $1.43 \ \mathrm{mg/m^3}$）以上：对人体已有潜在影响；

在 $1 \times 10^{-6} \sim 3 \times 10^{-6}$ 时：多数人开始感到刺激；

在 $10 \times 10^{-6} \sim 15 \times 10^{-6}$ 时：呼吸道纤毛运动和黏膜的分泌功能均能受到抑制；

到 20×10^{-6} 时：引起咳嗽并刺激眼睛；

吸入 100×10^{-6} 8h：支气管和肺部出现明显的刺激症状，使肺部组织受损；

达 400×10^{-6} 时：可使人呼吸困难。

另外，SO_2 与大气中的烟尘有协同作用：SO_2 与飘尘一起被吸入，飘尘气溶胶微粒可以把 SO_2 带入肺部使毒性增加 3 ~ 4 倍；若飘尘表面吸附金属微粒，在其催化作用下，SO_2 被氧化为硫酸雾，其刺激作用比 SO_2 增强约 1 倍。

1930 年 12 月 3 日这一天雾最大，加上工业区内人烟稠密，整个河谷地区的居民有几千人生病。病人的症状表现为胸痛、咳嗽、呼吸困难等。一星期内，有 60 多人死亡，其中患有心脏病和肺病的人死亡率最高。与此同时，许多家畜也患了类似病症，死亡的也不少。据推测，事件发生期间，大气中的 SO_2 质量浓度竟高达 25 ～ 100 mg/ m^3，空气中还含有有害的氟化物。专家们在事后分析认为，此次污染事件，几种有害气体与煤烟、粉尘同时对人体产生了毒害。

61. 伦敦烟雾事件是怎么回事？

时间：1952 年 12 月 5 日—9 日，于伦敦。

背景：英国一直是个多雾的国家，工业革命之后，英国大城市的燃煤量骤增。城市发电靠煤，火车的动力来自煤，工厂靠烧煤进行生产制造，居民家庭也靠烧煤来取暖。煤炭在燃烧时，会生成 SO_2、NO_2 等物质。这些物质排放到大气中后，会附着在烟尘上，凝聚在雾滴中。在没有风的时候，经常在城市上空笼罩多天不散，曾经客居伦敦的老舍先生描绘过这种"乌黑的、浑黄的、绛紫的，以至辛辣的、呛人的"伦敦烟雾。高浓度的二氧化硫和烟雾颗粒还会危害居民健康，进入人的呼吸系统后会诱发支气管炎、肺炎、心脏病。伦敦肺结核、咳嗽的发病人数比世界上其他地方都多，整个伦敦犹如一个令人窒息的毒气室一样。

主要污染物：在此次事件的每一天中，伦敦排放到大气中的污染物有 1 000 t 烟尘、140 t HCl（其水溶液为盐酸）、14 t 氟化物，以及最可怕的——370 t SO_2，这些 SO_2 随后转化成约 800 t 硫酸，这些硫酸以小液滴的状态悬浮于空气中，对人体健康产生了致命的损害。

危害：此次事件中，许多伦敦市民因烟雾感到身体不适，如呼吸困难和眼睛刺痛。发生哮喘、咳嗽等呼吸道症状的病人明显增多。同时，伦敦市民死亡率陡增，尤其是在老年人、婴儿、本来就有呼吸道疾病和心血管疾病的人群中。45 岁以上的死亡人数最多，约为正常时期的 3 倍；1 岁以下的死亡人数其次，约为正常时期的 2 倍。因支气管炎死亡 704 人，为正常时期的 9 倍；因冠心病死亡 281 人，为正常时期的 2.4 倍；因肺结核死亡 77 人，为正常时期的 5.8 倍。英国卫生部在 1953 年的报告中称，总共有 3 500～4 000 人死于这场烟雾，大约是平时死亡率的 3 倍。

在此次事件的每一天中，伦敦排放到大气中的污染物有 1 000 t 烟尘、140 t HCl（盐酸的主要成分）、14 t 氟化物，以及最可怕的——370 t SO₂，这些 SO₂ 随后转化成约 800 t 硫酸，这些硫酸以小液滴的状态悬浮于空气中，对人体健康产生了致命的损害。

第七部分
公众防护

62. 雾霾天可以进行户外运动吗？

遇上雾霾严重的时候，市民应尽量减少户外锻炼、外出和到车辆密集及人群拥挤的地方。

　　遇上雾霾严重的时候，市民应尽量减少户外锻炼、外出和到车辆密集及人群拥挤的地方。当环境空气质量指数大于 300 时，应尽量避免户外运动；抵抗力较弱的孩子应该尽量待在室内，防止患上呼吸道疾病。当环境空气质量指数小于 100 时，比较适宜户外运动。

　　有慢性呼吸道疾病，如哮喘、慢性咽喉炎、过敏性鼻炎、心血管疾病患者或者体弱多病、老人、小孩、孕妇等，应减少外出，多喝水，多吃新鲜、富含维生素的水果，生活作息规律。慢性呼吸道疾病和心血管疾病患者若有外出需要，尤其是哮喘、冠心病患者，应随身携带药物，以免受到污染物刺激病情突然加重。

　　持续的雾霾天也会使心脏病和肺病患者症状加重，甚至陷入危重状态，家中如有心脏病、高血压、肺病患者，应仔细观察其病情变化，一旦恶化应立即送医。

　　雾霾一般在早上比较严重,到了下午和傍晚,则会逐渐减轻。因此,遇上雾霾天气市民最好暂停晨练,尽量把户外锻炼改在室内进行。

63. 如何科学选择和正确使用口罩?

　　国家质检总局、国家标准化管理委员会发布了《日常防护型口罩技术规范》(GB/T 32610—2016),该标准对细颗粒物(PM$_{2.5}$)的防护效果和佩戴的安全性能做了明确规定,这是我国首个民用防护型口罩国家标准,2016年11月1日正式实施。

　　标准设置了防护效果的指标,指导在空气环境受到污染时,公众根据不同污染情况选择合适的口罩。按照防护性能,将口罩的防护效果等级分为A、B、C、D四级;各级对应的防护效果分别不低于90%、85%、75%、65%;各级对应适用的环境空气质量指数类别分别为:严重污染（PM$_{2.5}$ 质量浓度达到 500 μg/m^3）、严重及以下污染（PM$_{2.5}$ 质量浓度 ≤ 350 μg/m^3）、重度及以下污染（PM$_{2.5}$ 质量浓度 ≤ 250 μg/m^3）、中度及以下污染（PM$_{2.5}$ 质量浓度 ≤ 150 μg/m^3）。

　　过滤材质过滤效率高、口罩结构设计与人面部结合得密合性好时，才会有好的防护效果。公众选用时可通过对比不同口罩，用下面的方法选出适合自己的口罩：佩戴口罩完毕后，将双手五指略弯曲并合拢，分别扣在口罩的左右两侧，进行深吸气，如发现口罩周边均紧吸在面部则佩戴密合性基本良好，过程中还可以配合转头、低头、抬头等常用动作，反之则需要重新进行调节。如反复调试后仍存在漏气，说明您不适合此面型的口罩。

　　一般来讲，防护性能越高，呼吸阻力也就越大，佩戴者需要费更多的力来实现气体交换，因此对舒适性能的不利影响也就越大。随着使用时间的增加，当吸气阻力过大时，会感到头晕、胸闷等不适状况，如有上述不适感觉，应立即摘除口罩。长时间佩戴口罩无益于健康，每次连续佩戴时间建议不超过 2 h。当空气中细颗粒物质量浓度大于 500 μg/m^3 时，可通过减少户外活动保护自己。此外，此标准仅适用于成人，不适用于儿童。对于心肺功能有问题的老、弱、病、残等特殊人群佩戴口罩需要慎重，能否佩戴建议遵从医嘱。

　　由于环境颗粒物浓度、性质不同，各种口罩的颗粒物容量不同以及使用习惯、存放方法等因素，都会影响口罩使用寿命，还存在细菌、病毒污染的风险，口罩的过滤材料不能进行水洗和消毒，建议定期更换。具体使用时间可参照包装上的建议。当口罩的任何部件出现破损以及明显感觉阻力增大时，应予以废弃。

　　公众在选择此类口罩时，首先要选择从正规渠道购买，检查其产品标识是否包括产品名称、制造厂商、原料成分、执行标准编号、产品防护级别、产品型号、使用说明（佩戴方法、安全注意事项等）、生产日期、推荐使用时间（小时）及贮存期、消毒方式、检验合格证等信息，根据不同的空气污染程度和个人需求选用相应防护效果级别的口罩。

64. 如何正确使用空气净化器？

（1）根据污染情况使用净化器。
（2）及时保养和更换净化器滤网滤芯。
（3）静电吸附式空气净化器开启时电压很高，应防止儿童直接接触，避免触电。
（4）净化器使用时不要离人太近。

正确使用空气净化器不仅可以保证其使用寿命，而且可以达到最佳净化效果。消费者日常应注意以下几个环节：

（1）根据污染情况使用净化器。净化 $PM_{2.5}$ 的空气净化器，最好在大气污染严重或者室内环境有污染的情况下使用。如果空气质量很好，就没必要长时间开启净化器。冬季可以与加湿器联合使用，效果更佳。不过，如果选择了具有加湿功能的净化器，应注意不要在夏季梅雨季节、桑拿天或者湿度大的场所使用，否则则会大大降低净化效果。

（2）及时保养和更换净化器滤网滤芯。有的净化器安装了滤芯寿命指示灯，可依此决定何时更换。如果没有指示灯，可以打开机器查看滤芯污染情况。一旦滤芯变黑，需要立刻更换。使用过程中，如果发现净化效果明显下降或者开启后有异味，则需及时更换过滤材料或清洗过滤器。

（3）静电吸附式空气净化器开启时电压很高，应防止儿童直接接触，避免触电。此外，使用活性炭滤芯和高效过滤器时要注意远离火源，还应避免烟头落入，以防火灾。

（4）净化器使用时不要离人太近。尽量不要靠墙壁或家具摆放，最好放在房屋中央，或者距离墙壁 1 m 以上。

65. 雾霾天是否需要通风？

在连续雾霾天时，也要选择适当时机开窗通风。长期不开窗室内没有新风，室内污染也会加重。雾霾天气室内也要通风换气，需选择恰当的时机。可减少开窗通风的时间和次数，如空气清新时每次开窗通风 30 min，雾霾天可减少至 15 min，也可选择中午空气略好或有阳光的时间段进行通风，总之长期密闭的空间不利于身体健康。尤其对孩子和老人，有时候家里有一个人生病，其他人都会跟着生病，其实就是这个道理，细菌在密闭的空间中易传播，相互传染。

66. 大气污染防治公众能做什么？

　　防治空气污染，人人有责。每个人既是污染的受害者，也是污染的制造者。面对污染，抱怨是没有用的，人人都应履行作为一个社会人应尽的环境责任。在生活中，要从自身做起，从身边小事做起，倡导绿色低碳的生活方式。少开一天车、少用一度电，节约一杯水，多种一棵树，在外就餐后打包带走剩余食物等小小的行为聚合起来也能节省不少资源，减排废物。在工作中，一方面，要积极践行绿色生产，严格按照国家的标准和规定要求进行生产，坚决抵制和杜绝不环保行为，敢于向违法排污和资源浪费行为说"不"；另一方面，要积极参与环境影响评价等公众参与环节，合法有序地表达对有关规划和建设项目的意见和建议，推进决策科学化、民主化进程。

67. 面对海量信息，公众应该如何正确认识和对待空气污染相关信息？

信息化时代，面对各类纷繁芜杂的信息，公众应做到以下几点：

（1）从官方渠道获取空气质量信息。环境保护部、中国环境监测总站和各省市环境保护主管部门网站均发布实时空气质量信息。公众获取空气质量信息应以这些官方网站发布的信息为准，不要轻信从其他渠道发布的信息。

（2）收到不明真伪的网络信息时，做到不轻信、不传播。随着微信、微博等自媒体的流行，每个人都可以发布信息并快速传播，谣言的产生和传播也更加便利和快速。每个人都做到不信谣、不传谣是阻止谣言传播的有效手段。

（3）多参与环境信息公开、污染源普查等社会公共事件，学习和掌握相关空气污染及防治知识，提高自身环境科学素质。

PM_{2.5} 污染防治 知识问答（续）

PM_{2.5} WURAN FANGZHI
ZHISHI WENDA (XU)

第八部分
谣言与真相

68. 微距镜头下的北京雾霾？

网传视频用 4 000 lm（流明）灯光照明，微距镜头下显示出的北京雾霾：视频中，一些细小颗粒四处飘散着，看着确实有点吓人。不少网友纷纷表示以前一直嫌憋气的口罩这次一定要戴起来，也有网友观后评论"这样的空气吸进去要死人"。视频获得了近万次转发。

真相：形成雾霾的雾滴、细颗粒物都是肉眼无法看到的，需要借助显微镜等仪器。视频所显示的只是灰尘而已。

69. 汽车尾气比空气干净 10 倍，机动车对雾霾的贡献并没有那么大？

一段来自某汽车网站的视频：在重污染天气，一位戴着防毒面具的人，把空气质量检测仪伸到了一辆小汽车的尾气排放管口，$PM_{2.5}$ 测试仪读数从接近 500 降到了 48。得出结论：汽车尾气比雾霾天的空气要干净 10 倍。

真相：汽车尾气对 $PM_{2.5}$ 的大部分贡献是间接产生的，尾气中含有氮氧化物、挥发性有机物（VOCs）等物质，这些都是气体，不会反映在测量 $PM_{2.5}$ 的空气质量测试仪中。但是这些气体既是产生 $PM_{2.5}$ 的"原材料"，同时也是"催化剂"。在北京本地污染源中，机动车排放的污染物对 $PM_{2.5}$ 的贡献是 31.1%，在非采暖季要占到 40%。二次转化生成的有机物、硝酸盐、硫酸盐和铵盐，累计占 $PM_{2.5}$ 的 70%。

70. 因为雾霾里存在硫酸铵才发布红色预警？

并不是雾霾里有硫酸铵才发布红色预警的。

《北京市空气重污染应急预案（2017年修订）》规定，红色预警为预测连续4 d及以上出现重度污染，其中2 d达到严重污染；或单日环境空气质量指数（AQI）达到500。

2016 年 12 月中旬以来，华北、黄淮等地遭遇大范围雾霾天气，在持续性的雾霾阴影下，一些流言也开始在网上滋生。一则在网上流传甚广的消息称："内部说这次雾霾里主要含硫酸铵，本来不到红色预警的程度，但因为存在硫酸铵所以才到这个级别，提醒孩子们都不要出门；家里净化器应长时间开启，多喝水。以前伦敦有次硫酸铵超标，有好多人因没有防护而死亡。"

真相：《北京市空气重污染应急预案（2017 年修订）》规定，红色预警为预测连续 4 d 及以上出现重度污染，其中 2 d 达到严重污染；或单日环境空气质量指数（AQI）达到 500。硫酸铵不是发布红色预警的标准。2016 年 11 月下旬发表在美国《国家科学院院刊》

上的论文《从伦敦雾到中国霾：硫酸盐的持续性形成》（*Persistent sulfate formation from London Fog to Chinese haze*）指出，在我国，农业氮肥和工业排放产生大量氨气污染，碱性的氨气促进了二氧化硫和氮氧化物的反应过程，形成大量硫酸铵，但也中和了酸性环境，使我国雾霾在酸碱度上呈现中性。我国雾霾的中性酸碱度尽管并不意味着我国雾霾没有伤害，但不具有伦敦的酸性大雾那样强烈的急性毒性。硫酸铵急性毒性不大，伦敦雾"致命元凶"为高浓度二氧化硫。

71. 风电站、防护林阻挡大风导致雾霾？

风碰到障碍物后的绕流是可以恢复的，目前没有任何的科学研究显示风电场或防护林与雾霾的形成有因果关系。

有人认为，内蒙古自治区建设了大量风电站偷走了北京大风，三北防护林使北方风力衰减，导致雾霾无法被吹散。

真相：风碰到障碍物后的绕流是可以恢复的，局部风力发电或局部防护林不会对距离较远的下游风力造成影响，雾霾形成的根本原因还是地面污染物碰上大气静稳条件。目前没有任何的科学研究显示风电场或防护林与雾霾的形成有因果关系。

72. 雾霾不散是因为"核污染"？

据传，内蒙古自治区鄂尔多斯市地下发现大规模铀煤资源，通过燃烧，煤炭中的铀进入空气中，这是目前国内大范围雾霾的原因。

真相：雾霾难以消散主要影响因素为气象条件。铀元素本身是很重的元素，不容易被氧化，不会变成粉尘；而且电厂对排放物都会进行除尘、脱硫脱硝。就是真的有，也应该是留在燃烧残渣里，进入空气中的铀是很微量的。

73. "煤改气"加剧北京空气污染？

一篇题为《京城雾霾成因新解——天然气锅炉排烟是加剧京城灰霾天气的重要原因》的文章表示，天然气锅炉排烟是造成北京地区"丰富水汽"的主要来源，是加剧灰霾空气的"帮凶"。该文章称北京发展天然气是把"双刃剑"，既有清洁能源的一面，又有排放水汽的负面影响和氮氧化物的污染。

真相：中国科学院大气物理研究所研究员王自发说，按照我国当前的天然气消耗量计算，每年燃烧天然气产生的气态水在3亿t左右，假如全部转化成液态水（但实际上不可能全部转化为液态水），平摊在全国人口集中的东部地区（估算面积约为360万km^2），液态水的厚度连0.1 mm/a都不到，仅占大气中可降水量的几十万分之一，影响微乎其微。所以说，"煤改气"不会显著增加北京市大气中的湿度，不是北京地区"丰富水汽"的主要来源。

南开大学冯银厂教授表示，无论是燃煤、燃气还是燃油，都会排放氮氧化物。"煤改气"是否会导致氮氧化物的升高，主要取决于"煤改气"之前煤炭的燃烧方式和煤炭品质、"煤改气"之后采取的燃烧技术等因素。如果采用了低氮燃烧技术，氮氧化物的排放量就会降低。我国脱硝工程比脱硫工程起步晚，近年来，大气环境中的氮氧化物浓度下降并不像二氧化硫那么显著。氮氧化物浓度的增加可能会造成二次污染，但这是可控的。而且污染成因和机理非常复杂，不能因为氮氧化物浓度没有明显下降，颗粒物污染依然严重，就说是"煤改气"造成的，这是不科学的。

74. 北京空气质量在逐步恶化？

有人认为，现在雾霾频发，北京的环境空气质量不是在好转而是在恶化。

真相：根据环境保护部监测数据，截至 2016 年 12 月 27 日，北京市 $PM_{2.5}$ 日平均质量浓度为 72 μg/m³，同比下降 10.0%（下降 8 μg/m³），比 2013 年下降 20%（下降 18 μg/m³）。联合国环境规划署 2015 年发布的《北京空气污染治理历程：1998—2013 年》评估报告显示：1998—2013 年，北京二氧化硫（SO_2）、二氧化氮（NO_2）和可吸入颗粒物（PM_{10}）的年均质量浓度分别显著下降了 78%、24%

和 43%，15 年间北京的空气质量得到了持续改善。北京市环保局发布的官方数据显示，2015 年与 2013 年相比，北京的 NO_2 下降了 4.7%、PM_{10} 下降了 6.1%，$PM_{2.5}$ 下降了 10% 左右。此外，美国 NASA 等国际机构的监测数据也支持北京空气质量持续改善的趋势。

75. 雾霾只能等风来，重污染应急措施没什么用？

有种观点认为，北京雾霾的消散只能等风来，重污染期间花费这么大力气实施的各项措施，也没发挥作用把雾霾赶走。

真相：重污染应急的作用是通过一定的应急减排措施，尽可能减少污染物排放，降低污染物累积程度，从而最大限度地保障公众身体健康。经专业测算，红色预警期，采取应急减排措施比不采取措施，PM₂.₅ 降低了 23% 左右，其他污染物平均降低了 30% 左右。雾霾的产生是在一定气象条件下，人类生产生活排放的污染物超出环境容量所致。只有通过相应的治理措施把污染物排放强度降下来，才能从根本上解决空气污染问题，而这需要一个长期的过程。

76. 雾霾堵死肺泡？北京肺癌发病率远高于全国，呈现年轻化趋势，空气污染是"元凶"？

雾霾影响健康毋庸置疑，网上流传的一些说法却是五花八门：北京肺癌发病率远高于全国，呈现年轻化趋势，空气污染是元凶？

真相：钟南山院士曾发布声明，称"雾霾致癌的资料有不少是断章取义，夸大其词或肆意篡改"，澄清《别拿雾霾开玩笑了，它是一级致癌物质》文章存在概念错误，并非本人所写，并就引用相关数据致歉，表示"可能引起公众的过度恐慌"。2003—2012年，除去老龄化因素，北京肺癌年平均增长率为1.2%。 2011年北京市肺癌年龄标准化发病率为23.53/10万，而全国可比的最新肺癌标化发病率为25.34/10万，可见北京市肺癌发病率略低于全国平均水平。北京市2011年肺癌发病中位年龄为71岁，相对于2002年肺癌发病中位年龄69岁增长了2岁，可见北京市肺癌发病并没有呈现年轻化趋势。其他如"80个$PM_{2.5}$微粒可以堵死一个肺泡？雾霾会让"鲜肺"六天变"黑肺"？吸一天雾霾就可能导致偏瘫？雾霾会导致不孕不育？雾霾会让人折寿5年半？"等传言，无科学根据，已被相关权威机构证实为谣言。

77. 北京霾中性，伦敦雾酸性说法是否可靠？北京霾与伦敦雾相比健康影响是否更小？

　　有媒体以《国际科研团队：中国霾是中性的，与当年伦敦夺命大雾成分不同》为题进行报道，由此，"伦敦雾是酸性，中国霾是中性，所以中国霾更安全"的说法在网络流传，引发争议。

　　真相：我国空气中有大量的氨气存在，硫酸盐形成过程中与氨结合，中和了酸性粒子，变成了中性，雾霾产生在灰霾粒子上，会对人体健康造成长期损害。伦敦当时污染物浓度远远高于我国现在的水平，并且大气中存在大量强酸性粒子，容易造成急性呼吸系统疾病。

78. 进口石油焦是中国雾霾的罪魁祸首吗？

网传，我国每年进口 1 000 多万 t 的高硫石油焦，排放 30 万～50 万 t 硫黄及重金属颗粒，使我国雾霾致病性严重，给人体健康造成极大损害。

真相：近年，我国石油焦进口量持续下降：2014—2016 年 11 月，我国每年进口石油焦的总量远小于 1 000 多万 t，2015 年进口高硫石油焦 451 万 t，2016 年进口高硫石油焦 201 万 t。并且，无论是地面监测数据还是卫星遥感结果，都表明我国二氧化硫浓度总体呈明显下降趋势。北京地区空气中的二氧化硫含量在 10 年前就已经达标，重金属含量也有了大幅度下降。

79. 坐飞机看到的北京上空对流层的滚滚"浓烟"是雾霾吗？

有网友称自己在飞机上拍到了北京上空的雾霾景象，翻腾的雾霾黑压压一片，漫无边际。

真相：PM2.5 主要是聚集在大气边界层的范围内，上图中的云显然分布在对流层顶甚至平流层，那个至少也要有几千米高。PM2.5 本身也是凝结核，可以吸收水汽，但那形成的是诸如雾一类的稀释度很高的东西，不太可能聚集成这么厚的水汽基团。至于云为什么是黑的，完全是水汽浓度和光线的作用。

80. 进京高铁变"雾霾金"，确因雾霾所致吗？

　　有网友发布一张从徐州东站到北京南站的高铁图片，并称这是一辆穿过雾霾区的高铁列车。图中可以看到，进站停靠的这辆高铁列车车头就像被灼伤过，有些熏黄的颜色覆盖在车头上，整个车身也是污浊不堪。网友称这辆列车披上了一层"雾霾金"。

　　真相：雾霾其实是小粒子，如果粒子密度很大，空气就不是绝缘体了。动车、高铁等列车在运行中可能发生高压设备绝缘闪络现象，即"雾闪"现象。在空气质量差的情况下，"雾闪"难以完全避免。这种"雾闪"会瞬间放热，灼烧空气中的金属微粒，然后附着在高铁列车外层上，形成一层脏脏的"盔甲"。

81. 雾炮车、防尘网、洒水车等措施对雾霾真的起作用吗？

近年来，随着大气污染防治日益被重视，雾炮车也火了起来。为了治理雾霾，有的地方就用上了这种号称"治霾神器"的雾炮车，并称雾炮车使用后可以有效降低 PM_{2.5} 浓度。

真相：雾霾里的颗粒物浓度直径是小于等于 2.5 μm 以下的所有细小颗粒物，颗粒物浓度比较粗大时可能是毫克级的，要用雾炮车喷出来的雾化了的液体，去扑击那些小颗粒，扑击效率非常低，所以用雾炮车除雾霾是起不了多大作用的。

82. 关起门窗就能将外界雾霾阻挡于门外，这种说法正确吗？

> 由于室内污染物累积速度比室外快，因此室内的空气质量差，即使在雾霾天也需要保持通风，但不需要大开门窗。

关起门窗就能将雾霾阻挡于门外吗？在雾霾天开窗的话，室内 PM$_{2.5}$ 就会跟着上升。

真相：由于室内环境狭小，污染物的累积速度会比室外更快，因此一般情况下室内的空气质量都会比室外的空气质量差，即使在雾霾天也需要保持通风，但不需要大开门窗。

83. 北京肺癌发病率暴增 43%，是真的吗？

网传，北京市肺癌的发病率约增长了 43%。

真相：2014 年 6 月，北京市人民政府发布的《北京市 2013 年度卫生与人群健康状况报告》指出，肺癌发病率由 2003 年的 44.56/10 万上升至 2012 的 63.84/10 万。从表面上看是约增长了 43%，但是计算增长率时要排除社会人口老龄化的因素，由于年度间发病率的直接比较不能科学反映肺癌发病的变化趋势，需进行年龄标准化后才具有可比性。2003—2012 年，肺癌除去老龄化因素年均增长率为 1.2%。

84. "加湿器＋自来水＝雾霾制造机"的说法对吗？

网上有消息指出，加入自来水后的加湿器会变成"雾霾制造机"，喷出的雾气中的 $PM_{2.5}$ 指数相当于重度污染，还会引发咳嗽、哮喘等疾病。

真相：向加湿器中加自来水，可能会使室内 $PM_{2.5}$ 指数升高。不过专家称，这种指数升高并不代表污染加重，也非科学的检测方法。

加湿器中加自来水，可能会使室内$PM_{2.5}$指数升高。不过专家称，这种指数升高并不代表污染加重，也非科学的检测方法。

85. 雾霾天损害肌肤，这种说法正确吗？

有媒体报道，雾霾中含有大量的污染颗粒和微生物，这些成分会直接导致肌肤的代谢循环不畅，毛孔堵塞，引发多种肌肤问题。

真相：空气中的粉尘或颗粒物基本不会伤害肌肤，因为皮肤毛孔的分泌是外泄而不是内吸，所以肌肤对这些污染物有一定的排斥力。